通俗心理学

Popular psychology

耿希峰◎著

了解心理学，获得认识自己和他人的知识
应用心理学，指导完善自己和他人的生活

感觉 | 知觉 | 记忆 | 想象 | 思维 | 注意
情绪 | 情感 | 意志 | 能力 | 气质 | 性格

九州出版社
JIUZHOUPRESS

图书在版编目（CIP）数据

通俗心理学 / 耿希峰著 . -- 北京：九州出版社，
2015.5

ISBN 978 - 7 - 5108 - 3656 - 5

Ⅰ.①通… Ⅱ.①耿… Ⅲ.①心理学—通俗读物
Ⅳ.①B84 - 49

中国版本图书馆 CIP 数据核字（2015）第 088633 号

通俗心理学

作　　者	耿希峰　著
出版发行	九州出版社
出 版 人	黄宪华
地　　址	北京市西城区阜外大街甲 35 号（100037）
发行电话	（010）68992190/3/5/6
网　　址	www. jiuzhoupress. com
电子信箱	jiuzhou@ jiuzhoupress. com
印　　刷	北京天正元印务有限公司
开　　本	710 毫米×1000 毫米　16 开
印　　张	14.5
字　　数	221 千字
版　　次	2015 年 6 月第 1 版
印　　次	2015 年 6 月第 1 次印刷
书　　号	ISBN 978 - 7 - 5108 - 3656 - 5
定　　价	43.00 元

自　序

　　本人对于心理学的学习应该算作是"误入阵营"的，因为在高考之前根本就不知道还有心理学这样一门科学，更谈不上对心理学的专业兴趣了，只是在高考时报考了学校教育专业，而学校教育专业的主干课之一就是心理学，因此大学四年抱着一种"既来之，则安之"的想法学习了一系列的心理学课程，毕业之后也就自然而然地从事了心理学的教学工作。十多年的书教下来，从对心理学知识的一知半解到现在能够比较自如地向学生传授，从对心理学的不甚热爱到现在愈渐浓厚的专业兴趣，自己感觉到对心理学有了更加全面的认识。这种认识一方面来自心理学知识本身，是心理学知识让我对人有了更加清晰的认识，让我获得了走入人们内心世界的钥匙；另一方面来自对心理学知识的感悟，是这种感悟让我超越了单纯对心理学知识的学习和讲授，让我体会到心理学伟大的同时也体会到它也可以平凡，平凡到每个人都可以学习心理学，并在学习的基础上感悟它的道理进而指导人们的平凡生活。

　　然而，现实的矛盾在于心理学在目前的中国还是一门小受众的科学，很多人对于心理学要么不知道，要么将心理学看作是一门玄而又玄的学科，他们从内心深处并不认为心理学对于人们有多么重要，虽然有时感觉到自己或他人的问题和心理学有关系，但并不真正知道是如何产生关系的。即使是学了心理学知识的人，很多时候也仅仅将其作为一门科学知识来掌握，并未真正领悟心理学知识的道理以及它对人生各种问题的指导意义。因此，多年来我一直有一种想写一本通俗的心理学著作的冲动，目的很简单，那就是想借此让自己有勇气将自己对心理学知识的理解和教学中获得的感受变成文字,让这些文字承载的心理学知识走入每个普通人的心里,让他们了解心理学,理解心理学,学会运用心理学的原理去面对自己,面对他人,面对社会和人生,面对生活中所有简单而又平凡的人和事。如能达此目的,自己惶惶的内心便也可以稍有沉定,让多年的冲动找到最合适的出口,让激动的心重回宁静。此为本书的写作缘由,是以为序。

耿希峰

2014 年于佳木斯大学

目 录
CONTENTS

第一章

走近心理学

去伪存真：心理学的是与非

作为一个心理学教师，每次在给学生讲授第一堂心理学课时，我都会给学生们这样一个机会：那就是面对我这样一个心理学教师，现在让你们问我一个问题，你们会问什么问题？几乎每次的问题都是一样的——老师，你知道我现在正在想什么吗？与课堂上的状况相类似，在日常生活中当一个人知道你是学心理学的，他马上会问你同样的问题：学心理学的，那你知道我现在正在想什么吗？这样的问题，往往让我们这些学习心理学的人很尴尬，因为根本不知道该如何来回答，又没有办法向提问者做出解释，其结果就是让提问者在失望之余，不免对心理学有了一丝蔑视，什么心理学，也不过如此，连这么简单的问题都回答不了。姑且不论他们对于心理学的看法正确与否，但至少在他们的内心有这样一个假设，那就是认为心理学就是专门研究人们想什么的学问，而学了心理学的人就好像有一双透视眼一样，一眼可以看透人们的内心，知道他们正在想什么。可见，对于普通大众来说，他们根本就不知道什么是心理学，更不知道心理学是研究什么的，所以，从普及心理学知识的层面来讲，有必要先让普通大众知道，到底什么是心理学，什么不是心理学。

人们之所以能问出上面的问题，大多数时候是他们把心理学和所谓的民俗心理学画上了等号，这些民俗心理学在我们国家包括算命、相面、批八字等，在西方叫占星术。这些民俗心理学不但存在的时间久,而且在人们的心中根深蒂固,让很多人深信不疑。人们把心理学看作和算命、相面等一样,其中一个很重要的原因就是它们都和人有关系,而且都和人们的内心活动有关系,既然都是研究人的,那么算命、相面等所能做到的未卜先知,心理学也应该能做到,所以"你知道我现在正在想什么吗?"就很正常了。民俗心理学之所以能够存在,而且还很有市场,是因为它能在某种程度上满足人们对于那些关于自身、前途、命运等不确定性因素获得一个确定答案的渴求,至于这些答案是否正确,是怎么得出的反而显得不重要了,只要有答案就好。

科学心理学与民俗心理学有严格的区别。首先,科学心理学有学科继承性,它是在哲学和生理学的基础上发展而来,哲学和生理学作为科学为心理学提供了知识和方法基础;而民俗心理学不具备学科继承性,根本找不到它的学科基础。其次,科学心理学对心理学知识的获取与阐释,采用了科学的研究方式和方法,用这种科学的研究方式和方法所获取的知识是一种确定性的知识,它真正揭示了人们心理发展的原理和规律,其结论对于任何人都是一样的;而民俗心理学根本就没有科学的研究方式和方法,因此也就不可能准确把握人们心理活动的规律,其结论对于任何人都是因人而异的。对于科学心理学可以概括为这样一条原则:它研究的不是你现在正在想什么,而是你现在为什么这么想。

化神入俗:心理学并不神秘

对心理学不了解的人们总认为心理学很神秘,因为心理学的研究内容和人有关系,尤其是和人的内心活动有关系。人的内心活动是一种精神现象,而这种精神现象似乎是看不见、摸不到,不具有现实的物质性的东西,因此人们总是感觉心理学所研究的内容有些虚无缥缈,神神秘秘的感觉。同时,在现实生活中,如果谁能依据心理学的知识很轻易地进入人们的内心世界,洞见人们的所思所想,并对其言行进行较为准确的分析和预判,就会被看作是一件很神奇的事情,这在某种程度上更增加了心理学的神秘感。

其实,心理学作为一门科学一点也不神秘,它所研究的内容并不是虚无缥渺、毫无根据的,这些内容同样看得见、摸得着,同客观现实紧密地联系在一起。对于心理学我们可以从多个角度对其进行界定:例如,可以把心理学看作是研究人们行为的科学。人们的行为是外显的,这些外显的行为十分复杂,它会因人、因时、因事、因境等不同而有不同的表现并发生变化,但这些复杂的行为是受人的内心来支配,因此我们可以通过研究人们的外显行为进而间接推断人们的内心活动,把握其规律;还可以把心理学看作是研究人脑对外界信息进行整合的各种形式及其行为反应的一门科学。心理内容的产生就是通过各种感官从外界获取信息提供给人脑,并在其内部实现各种形式的加工,加工的方式不同,对信息所做出的解释就不同,由它所支配的行为就不同,通过对这些人脑的加工及其与行为之间关系的研究,我们就可以获得关于心理学规律性的知识。目前,对于心理学比较公认的界定就是:心理学是研究人们心理现象的发生、发展及其变化规律的科学。

　　人们的心理现象包罗万象,十分复杂,从心理学的知识体系上可以将其分为心理过程和个性心理两部分。心理过程是指心理活动发生、发展的过程,任一心理活动都有其开始和结束,我们就把心理活动的这种时间延展性称作心理过程,它是人们心理的基本活动,是所有其他心理现象的基础。心理过程包括认识过程、情绪情感过程和意志过程。认识过程是心理过程的基础,通过认识过程使人获得知识、积累经验、分析和解决问题,具体的认识活动包括感觉、知觉、记忆、想象和思维,同时还有一种伴随认识活动而存在的特殊心理活动——注意。情绪情感过程在认识过程的基础上而产生,反映了客观事物与人们内在需求的关系,关系不同,人们的情绪情感反应就不同,具体表现为人的喜、怒、哀、惧等不同的情绪和道德感、理智感及美感等不同的情感。意志过程是人们主观能动性的体现,通过意志过程,人们把主观的目的客观化,进而实现对客观世界的改造。个性心理是指相同的心理过程在不同人身上的不同表现,包括个性倾向性和个性心理特征两部分。个性倾向性是指人们对于客观世界的主观意识倾向性,它为人们的行为提供动力基础,具体包括需要、动机、兴趣、理想、信念和世界观。个性心理特征是指在人们身上比较稳定的多种心理特点的一种独特结合,通过个性心理特征实现了对人的区分,具体包括能力、气质和性格。从心理过程到个性心理,这些心理现象是我们每个人每天每时都在发生和经历的,因此对于我们来说,它并不神秘而且很熟悉。

往世今生:心理学的理论演变

我们说心理学不神秘而且很熟悉,是因为人们很早就开始关注自身的心理问题,并试图对其做出解释。如果说心理学还有那么一点神秘的味道,那应该说的是在人们关注自身心理问题之初,由于当时社会文化的落后,人们愚昧无知,所以把自身的心理问题和灵魂联系起来,认为心理活动就是灵魂在身体内的活动。至于什么是灵魂,它存在于何处,如何进到人的身体并支配人的所有活动,这些一直都是很神秘的东西而且是人们无法解释的,因此对灵魂所持有的神秘感自然就延伸到了人们对心理活动的看法上。早在公元前4世纪,古希腊哲学家亚里士多德就写过一本叫《论灵魂》的著作,心理学史上把这看作是有关心理学最早的论述。自亚里士多德之后,很多学者在哲学研究中涉及了对心理学问题的探讨,慢慢破除了人们对心理学的神秘之感,但心理学作为一门独立的学科而出现是在近代以后。1879年,德国哲学家、心理学家冯特在德国莱比锡大学创建了世界上第一个心理学实验室,开始采用实验的方法来研究人的心理活动,揭示了心理活动的因果关系,改变了长期以来人们对于心理活动的哲学思辨式的解释,进而让心理学从哲学中独立出来,成为一门真正的科学。自心理学独立以来,它经历了快速的发展和演变,其中最主要的表现就是产生了多个心理学研究派别,并随着研究领域的扩大衍生出了众多的心理学学科。这里只对比较有代表性的心理学派别做一简单介绍,以使大家了解心理学理论发展的来龙去脉。

构造主义心理学。该派别的创始人是冯特,代表人物是其弟子铁钦纳。构造主义心理学的基本主张是要研究人们的意识,并通过研究找出构成人们各种意识活动的元素有哪些。冯特把人的意识经验分为感觉、意象和激情状态三种元素,认为感觉是知觉的元素,意象是观念的元素,激情是情绪的元素,人所有复杂的心理现象都是由这些元素构成的。心理学的任务就是用实验内省法分析出意识过程的基本元素,发现这些元素如何合成复杂心理过程的规律。后来,他的弟子铁钦纳继承和发展了该理论体系,并将其命名为"构造心理学"。

机能主义心理学。该派别的创始人是美国著名心理学家詹姆斯,代表人物有杜威和安吉尔。机能主义心理学也主张研究意识,但他们认为意识并不是静态的个别心理元素的集合,而是一种流动的"意识流"过程,这种流动的意识是有机体与环境持续相互作用过程中心理活动的内容。人类的意识是使人适应环境,因此,重要的是心理过程的行为和机能,所以机能主义心理学强调心理学应该研究意识的功能和目的,而不是它的构造。该学派的理论观点推动了美国心理学面向实际生活过程和应用方向发展,使心理学广泛应用于教育、临床等领域。

格式塔心理学。该学派起源于德国,创始人是韦特海默,代表人物有苛勒和考夫卡。格式塔的德文本意是"整体"或"完形",因此"格式塔心理学"也被称为"完形心理学"。这一学派的基本主张是"整体大于部分之和"。他们认为每一种心理现象都是一个格式塔,都是一个"被分离的整体",整体不等于部分之和,整体不是由若干元素组合而成的,相反,整体先于部分而存在并且制约着部分的性质和意义。心理学的研究目的不是对各种心理现象进行元素的分析,而是要揭示出各种心理现象的组织原则是什么。格式塔心理学采用实验的方法对知觉、学习、思维等问题展开了大量的实验研究,提出了很多知觉组织的原则,并对后来的认知学习理论产生了重要的影响。

行为主义心理学。该学派的创始人是美国著名心理学家华生,代表人物为斯金纳。华生刚开始学习心理学的时候是师从于机能主义心理学的各位大师,随着学习的深入,华生对传统心理学的研究内容和研究方法都有了不同的看法,并于1913 年发表了《从一个行为主义者眼中所看到的心理学》一文,宣告行为主义心理学的诞生。华生认为,心理学不应研究主观的意识,而应研究客观的行为;反对使用内省法,主张使用实验方法;认为心理学研究的目的是理解、预测和控制行为,因此找到刺激与反应之间的关系才是最主要的,并在此基础上提出了行为主义心理学的"S－R"(刺激—反应)模型,强调个体行为不是天生的,而是受环境影响产生的。行为主义心理学的产生,改变了传统心理学的研究内容和方法的主观性,使心理学的研究走上客观化的道路。尽管华生的极端行为主义观点并没有被心理学界全盘接受,但其影响却极其深远和广泛,统治西方心理学统治长达半个世纪之久,因此,在心理学上把行为主义心理学称为"第一势力"。

精神分析心理学。该学派的创始人是奥地利精神病医生弗洛伊德,代表人物有阿德勒、荣格、霍尼、沙利文等。精神分析心理学的理论主要来自于弗洛伊德对精神病患者的临床治疗经验,他发现精神病的得病根源往往源于人们内心深处被压抑的某种动机,这种动机以生理内驱力的形式存在并以无意识方式支配人的行为。所谓精神分析就是通过释梦、催眠、自由联想和宣泄等方式发现病人潜在动机并进行治疗的一种临床技术与方法。精神分析心理学对心理学做出的贡献主要是无意识概念的引入,扩展了心理学的研究内容,并用本我、自我和超我来分析人的人格结构,这些思想不仅对心理学的发展产生了巨大的推动作用,而且对文学、宗教和艺术等领域都产生了重大的影响,因此,在心理学上把精神分析心理学称为"第二势力"。

人本主义心理学。该学派始于20世纪五六十年代的美国,以马斯洛和罗杰斯为主要代表。人本主义心理学既反对把人与动物等同的过于机械的行为主义心理学,也反对将人的心理低俗化,以异常人的心理来代替正常人心理的精神分析学派,因此,在心理学上把人本主义心理学称为"第三势力"。人本主义心理学强调人性本善,认为每个人都有自己独特的需要并受自我意识控制,人生的最大价值就在于不断发展和完善自身的潜能,最终达到自我实现。该学派在主张充分了解人性的基础上,强调改善环境以利于人性的充分发展,这一思想后来发展为"以患者为中心"的人本主义心理咨询与治疗方法。

认知心理学。认知心理学不是一个完整的学派,而是兴起于20世纪50年代中期的一种心理学思潮。它以人的认识过程为主要研究内容,如注意、知觉、表象、记忆、思维和语言等。认知心理学采用信息加工观点,把人看作是信息加工系统,认为人的认知过程就是信息的输入、加工、存储与提取的过程,并用模型来表示这些过程和结构。认知心理学探讨的是人如何获取知识并使用知识,强调大脑内部信息加工方式的不同对人类行为的决定作用,并揭示人类认知过程的内部心理机制。

神经心理学。神经心理学是专门研究大脑神经生理功能与个体行为及心理过程关系的科学,属于生理心理学的一个分支。其研究目的主要是了解大脑的整体及其不同部位,在个体表现某种行为或从事某种心理活动时会发生怎样的变化,进而揭示心理活动的神经生理机制。它可以有两种研究范式,一种是从生理角度入手来揭示生理现象与问题引起心理变化的机制与规律,一种是从心理角度入手来揭示心理现象与问题引起生理变化的机制与规律。

寻根探源:心理学的研究方法

对于心理学家到底是如何来研究人的心理,很多人可能对此很好奇,他们可能会想心理学家是不是长了一双具有透视功能的眼睛,一下就能看穿人们的心理,或是心理学家具有某种魔法,只要对谁施加魔法就能洞悉人的一切心理活动。这些想法看似简单可笑,实际上也并不是一点道理没有,因为人的心理现象是一种内隐的精神活动,看不见也摸不到,心理学家如果没有一双透视的眼睛或是没有某种魔法,怎么就能深入人们的内心,知道人们的心理活动并在此基础上对其进行准确地把握。关于此问题的解答,不仅仅关系到心理学知识到底是来自科学研究还是来自主观臆测,更关乎心理学是不是一门科学的问题。如果是一门科学,对其进行研究就要树立科学的态度,遵循科学的原则,采用科学的方法来进行,这样才能对心理现象进行准确的描述,做出科学的解释,实施合理的预测和控制。

人的心理现象尽管复杂多变,但万变不离其宗,因为凡事都有其内在规律作为主导,因此必须透过现象来看本质,心理现象同样如此,因此心理学家在对心理现象进行研究时,是在一定理论指导下,采用一套科学的方法和技术来进行的,他不会被表面现象所迷惑,更不会根据表面现象而轻易作出结论。如果说他们有透视的眼睛或魔法,那就是一些具体的研究方法和技术。这些方法和技术可能因为研究目的的不同而不同,如果为了认识某种心理现象,只要采用可以对结论进行简单描述的研究方法即可;如果为了揭示某种心理规律,就必须采用可以对结论做出因果解释的研究方法;如果为了指导实践,对某种行为进行干预和控制,可以采用和实际紧密结合的研究方法。下面,就来介绍几种心理学研究常用的方法。

观察法。这种方法在心理学研究中可以说是最简单、最容易操作,同时也是应用最广泛的方法。它就是在一定的时间内，在一定的情境下，对人的心理表现和行为进行有目的、有计划的系统观察和记录，并通过分析来间接推断人的内心活动规律的方法。例如我们可以通过观察幼儿在幼儿园的行为表现来了解其个性和社会性的发展状况；观察小学生在课堂上的表现来了解他们的注意状态和情绪状态；观察大学生走进课堂时对座位的选择来了解他们对课程的兴趣及性格特点；观察主人在请客吃饭时对客人座位的安排来了解他们之间的关系等。

观察法一般是在对研究对象无法控制或在控制条件下可能会影响被试的真实表现时使用，这种完全在自然状态下进行的观察就叫自然观察法；有时需要对某种条件进行控制，或在人为设置的情境下进行观察就叫控制观察法。观察的方式可以采用参与式观察或非参与式观察，参与式观察即观察者参与到被试的活动中，在一起活动的同时对被试的行为进行观察；非参与式观察即观察者不参与被试的活动，是以旁观者的身份来对被试的行为进行观察。一般情况下，对幼儿进行研究可以采用非参与式观察，对成人进行研究最好采用参与式观察。在使用观察法时一般要注意这样几个问题：首先应对所要观察的行为有明确的界定，例如要观察幼儿的攻击性行为，事先就要明确幼儿的哪些行为表现算作攻击性行为；观察时如果有多个观察目的，每次最好只完成一个观察目的，不能图省事一次性完成；观察时要使用多种手段做好观察记录；为了保证观察的全面性，可以采用时间取样的方式进行，即在几个时间段分别对被试的同一行为进行观察。

观察法之所以被广泛使用，其最大的优点就是被试心理与行为表现的真实性，所获结论比较符合实际；不足是由于在自然状态下，被试的心理与行为易受多种因素影响，因此只能对结论进行描述性分析，并且不能进行重复验证。

实验法。对于研究者来说，仅仅通过观察来对某种心理现象进行描述是远远不够的，很多时候人们需要知道的是有关心理现象的因果关系。一种行为的表现，一种结果的产生，其背后可能存在很多原因，有时单凭日常经验去解释可能会犯经验主义的错误，例如，当一个中学生最近在家看电视的时间较多，家长就很有可能将此认定为他最近一次考试成绩下降的原因；或是将事物之间的相关关系简单地认定为因果关系，例如，世界卫生组织的调查数据显示，吸烟人群患肺癌的比率明显高于非吸烟人群，面对这一事实，你是否会认为吸烟就是患肺癌的原因呢？

可见,不仅是普通大众面临这一问题,心理学家也需要克服心理现象因果关系中的不确定性。这时,研究者就会运用实验法,即人为地创设或改变某种条件,使被试产生某种心理现象,并对其进行分析,推断出心理现象产生的原因及其内在的心理机制和规律。

研究者使用实验法进行研究,往往源于他要检验一个假设,即在头脑中事先假定某个因素是另外一个因素产生的原因,然后通过实验来加以验证。实验中由研究者安排、控制和实施的因素称作自变量,而研究者进行观察、测量与记录的被试反应因素称作因变量。实验的目的就是通过操作自变量来观察其在因变量上产生的效果,进而明确某种因果关系,即一个变量对另一个变量有影响。例如,我们可能假设在电视中看到过多暴力镜头的儿童将会对同伴表现出更多的攻击行为。为了验证这一假设,我们可以设计一个实验来操纵每个被试所看到的暴力镜头数量(自变量),然后评估被试表现出来的攻击行为有多少(因变量)。

实验法之所以对心理学研究很重要,是因为通过实验法可以揭示心理现象的因果关系,让我们获得有关心理现象定论性的知识。同时,实验法还可以模拟现实生活中的某些场景,比如模拟大型机械操作平台操作人的操作过程,模拟火灾、地震等灾害性场景中人们的行为表现等,通过模拟获得人们在这些场景中内心的活动变化规律,进而为指导实践服务。可以说,目前心理学中我们所知晓的定论性知识和理论几乎都是通过实验法所获得的。因此,正如著名心理学史家波林所说过的那样"把实验法应用于心理问题是心理研究史上无可比拟的伟大杰出事件",实验法对于心理学的发展的确做出了伟大贡献。

测验法。对于没有学习过心理学的人来说,他们可能对心理测验比较感兴趣,这是因为,一方面人们渴望了解自己或别人的心理,另一方面通过测验可以将人的心理量化,这样方便人们对心理进行数量化的认识,并能据此对自己或别人的心理有一个比较。这就好比学生通过测验得到一个分数一样,根据分数的多少知道了自己的学习水平,而且分数高总比分数低要好。对于心理测验来说,虽然也是使用分数来表明人们的心理表现,并通过对分数的分析来解释人们的心理活动特点和心理构成,但绝不是什么时候都是分数越高越好,有时正好是相反的,对于智力测验来说,分数越高表明智商越高,而对于焦虑测验来说,分数越高表明焦虑程度越高。因此,对于心理测验我们应该有科学的认识。

通过测验来研究人的心理,是有其心理学理论依据的。我们已经知道心理活动是内隐的精神现象,无法像对待物理现象一样采取某种方法进行直接测量,但这种内隐的心理活动可以通过人们对某些问题的态度反应、直接解决等外部行为间接反映出来,因此就可以根据研究的需要,对所要研究的心理品质进行测验编制,然后对被试进行施测获得相应的分数,通过对分数的分析来间接推断被试的心理品质。这里有几个比较重要的问题需要我们注意,一是如何来编制测验,二是如何衡量一个测验是可信的和有效的,三是如何对测验的分数进行解释。对于这些问题的回答,就涉及测验的标准化问题,心理测验的标准化有一套比较复杂的程序。首先,对测验题目的编制一定是由本领域的专家根据某些心理学理论和人们的心理活动的日常表现来进行拟定,并将初步拟定好的题目在目标人群中进行反复预测,以考察每个题目的合适性,并在此基础上进行题目的增删,最后保留合适的题目组成测验。其次,要建立测验的信度与效度指标,信度就是测验的可信性,信度越高测验越可信,效度就是测验的有效性,效度越高测验越有效。例如高考试卷可以看作是一套标准化的测验,它就有较高的信度和效度,即对绝大多数考生来说,他的高考分数就比较准确地反映了他过去的学习状况并能比较准确地预测他将来的学习水平。再次,就是建立常模,为测验分数解释提供标准。我们说心理测验的分数并不是越高越好,关键在于它是和什么样的常模来进行比较,常模就是用于对测验分数进行解释的比较标准,一个标准化的心理测验,必须有常模。

由于测验法的标准化程度较高,在实际应用过程中对研究者也提出了很高的要求,一般都由专业人员来使用,对于普通的研究者来说,如果不经过专业的培训,很难使用测验法来进行研究。心理学研究中比较常见的心理测验有智力测验、人格测验、态度测验、成就动机测验等。通过心理测验可以数量化地反映个体心理特征和外显行为的关系,这些数据为教育、职业指导、人才选拔、咨询与治疗等领域提供了客观资料,因此,测验法在心理学研究中的应用领域十分广泛。

调查法。对于调查法,大家可能并不陌生,因为在你过去的生活中就可能完成过某种调查。比如电视中大家看到的,记者问路人:"你认为什么是幸福?""你现在感觉幸福吗？为什么?"这是一种调查;有时,别人给了你一张纸,上面写满了问题,让你来回答,这也是一种调查。那么,进行这些调查其目的是什么呢? 调查是不是可以很随意地就进行呢? 这就涉及调查法应用的专业问题。

心理学研究中,有时需要了解群体的心理特征和状态,这时需要构成群体的每个个体都能对某一问题自由地表达意见和态度,回答自己的想法或做法,通过分析这些回答,就可以对群体的心理特征和状态进行推断。为了实现这一目的,研究者通常采用两种调查方法,一种是问卷法,即将要研究的问题编制成相应的题目,让被研究者来回答,以此来收集资料,并通过对被研究者的回答情况进行量化分析,推断群体的心理特征和状态。一种是访谈法,即研究者将要研究的问题拟成谈话提纲,同被研究者面谈,通过被研究者的回答及相关信息来收集资料,在对访谈资料进行定性与定量分析基础上,推断群体的心理特征和状态。

一个完整的问卷一般由两部分构成,一部分是有关被研究者的个人资料,包括性别、年龄、职业、学历水平、经济状况、家庭背景等多种项目,一部分是有关研究的心理问题所呈现的题目。采用问卷法所获得的资料,最后就是要分析对心理问题的回答与个人资料之间的关系,以此来考察不同的人对同一心理问题的回答为什么不同,它受个人的哪些资料影响。问卷法由于简便易行,因此在心理学研究中被广泛使用,但需要注意的问题一是问卷的编制,二是选择合适的样本。另外,问卷法的使用有一个限制,那就是被研究者的文化水平问题,如果被研究者文化水平很低或是没有文化,根本看不懂题目,就不能使用问卷法了。这时,我们可以使用访谈法,它不需要看懂题目,只需要能听懂题目并会说话就可以了。访谈法在使用的时候不像问卷法那样可以很多人同时进行,每次只能访谈一人,访谈时除要求访谈者具有良好的谈话能力外,还要具备随机应变并善于捕捉谈话者非言语表情的能力。对于访谈法所获得的资料,后期处理时需要对材料进行转写与编码等工作,这些工作的完成都需要有一定的专业知识作为保证。

个案法。心理学的研究大多数都是针对群体的心理特征与行为来进行,并通过研究结论的获得来对群体的心理特征及其变化规律进行描述、解释和说明,也就是说它解决的更多的是群体的或整体的问题。但在实际生活中,我们所看到的或所遇到的问题往往是以个体的方式而呈现的,比如,在一个家庭里面,某个家庭成员总是不能跟其他的家庭成员和睦相处,这时我们就会想,为什么呢? 是大家都对他不好吗? 还是他本人有问题? 再比如,如果你是一个班主任老师,在你的班级里总有那么一个或几个同学不遵守纪律要求,故意扰乱课堂秩序,欺负其他同学,顶撞老师,作为一个负责任的班主任,我想你可能不会简单地认为那就是他们品质的问题,所采取的态度就是听之任之,你可能会想:"他们为什么有这种表现? 是不是有什么原因? 应该采取什么办法来帮助他们?"面对以上的事例,如果我们想知道答案,就需要针对那个家庭成员和那几个学生展开研究,这种研究就是一种个案研究,通过研究最终所要解决的就是那个家庭成员和那几个学生的问题。

个案研究在心理学的研究历史上,可以说是一种比较古老的研究方法。心理学家希望通过对单个或多个个体的深入研究,能揭示出适用于所有人的心理规律。比如,弗洛伊德通过对大量精神病人的临床个案研究,构建了精神分析的人格理论;发展心理学家皮亚杰通过对自己三个孩子的观察研究,提出了儿童思维发展的理论;我国著名儿童心理学家陈鹤琴也是通过对自己孩子的观察,写出了《儿童心理之研究》这一中国早期的具有代表性的儿童心理学著作。

使用个案研究时,一方面要保证对个案材料的全面收集,另一方面要采用多种手段对个案进行研究,通过对材料的全面分析来把握个案的成长历史与个案现存问题之间的关系,找到问题的关键,并在此基础上准确地对其未来发展进行预测和进行干预。我们需要记住的一点是,个案研究就是为了解决个体问题的,绝不可以将结论推广到同类群体中,至于它所具有的启发意义,也要求我们在借鉴时要具体问题具体分析。

第二章

心理的实质

人脑：心理产生的器官

人的心理作为一种精神现象，到底是由人的哪种器官来产生，对于没有学习过心理学的人来说确实是一个需要弄明白的问题，他们最简单的想法可能就是产生心理的地方应该是心脏，因为"心理"这两个字里面不是有个"心"字吗，那不就应该是心脏吗？这种想法其实也是有历史渊源的，因为很早就有人认为心理是由心脏来产生的，我国古代哲学家孟子曾说："心之官则思，思则得之，不思则不得也"，把心脏看成是思考的器官。正因为有这种思想，人们才把精神活动看作心理活动，从我国的汉字构造中就能体现出来，在汉字中与精神活动有关的字都带"心"部，比如思、想、念、怨、愁、爱、恨等，与思考有关的成语也是这样用的，比如心中有数、计上心头、心事重重、心怀叵测、心照不宣等。在西方，古希腊哲学家亚里士多德也认为心脏是思想和感觉的器官。这种把心理看作是心脏的产物，对于古代人来说是一种缺乏知识的表现，对于现代人来说如果还是这样认为，就有望文生义之嫌了。对于古代思想家没有弄明白的问题，古代医学却早就有了清晰的认识，他们很早就认识到人的精神活动是和人脑有关系，而不是和心脏有关系，比如我国古代医书《黄帝内经》中就有这样的论述："诸髓者，皆属于脑"、"头者，精神之父"；明代著名医药学家李时珍也曾说过："脑为元神之府"、"泥丸之宫神灵所集"；清代著名医生王清任通过对人体的解剖，就明确指出："人的灵机、记忆不在心而在脑"。在西方,希腊著名医生盖伦也开始把心灵的器官置于脑内,认为大脑是产生精神的地方,但大脑如何产生精神,他还是不清楚。直到18世纪前后,随着科学的发展和对于脑知识的积累,人们才逐渐正确认识到"脑是心理的器官"。

既然脑是心理的器官,那么我们就有必要先了解有关脑的知识,弄清楚它是怎样一种构造,为什么这种构造就能产生如此复杂的心理现象。对脑的认识,应该从神经系统谈起,因为脑只是神经系统的一部分,人的神经系统是个完整的具有整合作用的系统,大脑是神经系统的最高级部位,对神经系统的低级部位起调节和控制作用,没有神经系统低级部位的沟通与联络,孤立的大脑也不能发挥作用。

人的神经系统是由数十亿神经细胞(也叫神经元)相互联结而构成,神经元以神经纤维的形式分布在脑和全身,这些神经纤维相互联结构成了一个庞大的神经网络,这个神经网络就叫神经系统。神经系统包括中枢神经系统和周围神经系统两大部分。周围神经系统又分为分布在头部的12对脑神经和分布在四肢和躯干部的31对脊神经。另外,人体还有一个不受大脑控制的神经系统,它主要同我们的肠胃等内脏、腺体器官相联系,叫植物性神经系统,也叫自主神经系统,包括交感神经和副交感神经。交感神经和副交感神经在机能上具有拮抗性质。交感神经主要是起动员作用,当人应付一些紧急情况比如挣扎、搏斗、恐惧或愤怒时发挥作用,它加速心脏跳动以保证各器官的血液供应,下令肝脏释放更多血糖使肌肉得以利用,减缓或停止消化器官活动,促使汗腺分泌等,因此当人处于紧急情况时常会感觉到口干舌燥、汗流浃背,这都是由于交感神经在起作用的缘故。副交感神经主要起平衡作用,抑制体内各器官的过度兴奋,使它们获得必要的休息。由于植物性神经系统不受大脑的控制,所以我们不能随意调整内脏器官的位置和腺体的分泌活动。周围神经系统主要起接受信息和传递信息的作用,根据它们所起的功能不同分为传入神经和传出神经。传入神经又称感觉神经,通过分布在全身各部位的感觉神经末梢接受刺激产生神经冲动,并把这些信息向中枢神经部位传递,通过中枢神经部位的分析以获取刺激物的意义;传出神经又称运动神经,主要把来自通过中枢神经分析后所产生的新的神经冲动传递到各种效应器官,以引起效应器官的活动。

中枢神经系统由脊髓和脑组成。脊髓是中枢神经系统的低级部位,位于脊椎管内,它的功能一方面是一些低级反射的中枢,比如膝跳反射、肘反射、跟腱反射等;另一方面是在感觉传入和运动传出时起传递和联络作用,在躯体和脑之间提供神经双向传导的通路,来自躯干和四肢的刺激信息经过脊髓到达大脑,大脑发出的指令通过脊髓到达效应器。

脑位于人体头部的颅腔内,由脑干、小脑、间脑和大脑两半球组成。我们平常所说的大脑并不是脑的全部,它只是脑的一部分。脑干由延脑、桥脑和中脑组成,它位于脑的中下部,类似于一个起支撑作用的柄状结构。延脑位于脊髓上端,是一个狭长的结构,它和人的基本生命活动关系密切,支配呼吸、排泄、吞咽、呕吐等活动,因而又叫"生命中枢"。当延脑受到损伤,丧失其功能,这时人尽管有生命体征,但却不能自主完成生命活动所需的各种生理活动,这种人就是我们所说的"植物人"。对延脑起保护作用的头骨部位比较脆弱,经不起击打和碰撞,因此平时我们要注意保护该部位,避免受到损伤,因为它下面有"生命中枢"这样一个重要的脑组织存在。桥脑在延脑的上方,位于延脑和中脑之间,是中枢神经和周围神经之间传递信息的必经之地,它对人的睡眠具有调节和控制的作用。中脑位于脑桥上部,其功能是支配眼球和面部肌肉运动,与姿势和随意运动有关。小脑位于脑干的背部,分左右两半球,是保持身体平衡和协调动作的中枢。一些复杂的运动,如签名、舞动等,一旦学会,似乎就编入小脑并能自动进行。小脑损伤会出现痉挛、运动失调、不能保持身体平衡等症状,患这种病症的人走路不能保持平稳姿态,会左右摇晃,就跟跳舞一样,因此也把小脑病称作"舞蹈症"。间脑位于脑干上方、大脑两半球的下部,分为丘脑和下丘脑两部分。丘脑被称作皮下感觉中枢,除嗅觉外,所有来自外界感官的输入信息都通过这里再到达大脑皮层,从而产生视、听、触、味等感觉。下丘脑是植物神经系统的高级部位,对维持体内平衡、控制内分泌腺的活动发挥重要作用,是内脏活动与情绪反射的中枢。在大脑两半球之外,除了以上这些明确的脑组织之外,还有网状结构和边缘系统两部分脑组织。网状结构位于脑干各段的广大区域,主要包括延髓的中央部位、桥脑的被盖和中脑部分,其主要功能是调节控制觉醒、注意和睡眠等意识状态。边缘系统在大脑内侧面最深处的边缘,包括扣带回、海马回、海马沟附近的大脑皮层,以及丘脑、丘脑后部、中脑内侧等部分。它与本能、情绪、学习、记忆活动有关系。

人脑的最主要部分就是大脑,它位于整个人脑的上部,分左右两个半球,中间由一个叫胼胝体的神经纤维束相互连接,以保证左右脑之间的信息沟通。人脑的总重量平均数为 1400 克,大脑占人脑总重量的 60% 左右。大脑表面覆盖着一层褶皱的灰色物质,一般称作灰质,也叫大脑皮层,这是中枢神经系统最高级的部位,灰质完全展开的面积有 2200 平方厘米。灰质表面的褶皱形成了许多深浅不一的沟或裂,沟裂之间隆起的部分称作回,正是这些沟回结构的存在,才大大增加了大脑皮层的面积。大的沟裂有中央沟、外侧裂和顶枕裂,这些沟裂将大脑两半球分为额叶、顶叶、枕叶和颞叶四个区,在每一叶内又有许多小的沟裂将大脑表面分成许多回。额叶位于外侧裂之上和中央沟之前,被称作躯体运动中枢,主要负责管理言语、智慧和运动,具有计划、决策、设定目标、监控实施的功能。如果因意外事故而损伤额叶会毁坏一个人的行为能力,并引起其人格的改变。顶叶位于中央沟和顶枕裂之间,被称作躯体感觉中枢,主要负责接收来自躯体各部分和器官的感觉信号,使人产生各种感觉。颞叶位于外侧裂的下部,是人的听觉中枢,接受来自耳朵的各种声音信息,如果颞叶受损,即使双耳正常,也听不到任何声音。枕叶位于顶枕裂的后部,是人的视觉中枢,接受来自眼睛的各种视觉信息,如果枕叶受损,即使双眼功能正常,也看不到任何东西,成为一个盲人。

大脑皮层的不同区域分别具有不同的功能,一般将其分为躯体感觉区、躯体运动区和联合区。躯体感觉区主要是接收和处理来自躯体感觉器官的各种感觉信号,身体的各部位都在感觉区有自己的投射部位,整个区域呈倒置分布,即身体的各部位在该区域的投射是脚在上,头在下,而且都是倒过来的,只有头面部的器官是正置的,各部位在感觉区的投射面积与部位的大小无关,而是和该部位的活动精细程度有关,活动越精细所占的投射面积越大,像手指、嘴唇、舌头、眼皮等所占的面积都比较大。躯体运动区主要是支配和调节身体姿势与位置及躯体各部位的运动,除头面部为双侧支配外,身体的其他部位都采用对侧交叉调节与控制,即左半球负责身体的右半部分,右半球负责身体的左半部分,当一侧半球的运动区受损,将会影响对侧身体各部位的运动机能。联合区是分布于整个大脑皮层范围广阔的联合区域,它不接受任何感觉系统的直接输入,也很少直接投射到脊髓支配身体各部分的运动,它主要负责将不同投射区的信息以某种方式进行整合和加工,以完成一些较高级的心理过程,如计划、监督、调节、思维和语言等都与联合区有关。

大脑的两半球在外形、大小、重量和结构上尽管没有明显差异,但在功能上却有不同的分工。对裂脑人(切断胼胝体,割裂大脑左右半球的联系)的研究发现,成人的左脑主要负责抽象加工,包括语言、数学、科学、写作、逻辑和推理等;右脑主要负责形象加工,包括空间知觉、音乐、艺术、舞蹈、运动、情绪和幻想等。不同的人具有不同的优势半球,左半球占优势的人适合从事更多依靠抽象思维的工作,右半球占优势的人适合从事更多依靠形象思维的工作。绝大多数人的优势半球都是左半球,右半球的功能相对应用较少,因此在民间很多人都认为"左撇子"的人更聪明,其实这种想法是没有科学根据的,"左撇子"的人不一定就更聪明,只不过相对于右利手的人,其右脑得到了更多的锻炼,因此形象思维可能更好一些或感情更丰富一些。正因为我们的右脑功能开发的不好,所以我们所说的开发大脑的潜能主要是针对开发右脑的功能来说的,比如现在的家长从小就开始对自己的孩子进行各种培养,让他们报名参加音乐、美术、舞蹈、运动等各种培训班,目的就是希望他们能更好地开发右脑的潜能,以使他们将来更有创造性。男女性别差异也多少在大脑左右半球功能上有所体现,一般男性的左脑功能更强于右脑,女性右脑功能更强于左脑,因此现实生活中男性更富于理性,女性更富于感性。尽管大脑左右半球具有不同的分工,但它们中间是有胼胝体相连接的,因此可以实现左右半球的信息沟通,共同实现对人的行为进行调节和控制。

心理:人脑的反映机能

我们知道了脑是心理的器官之后,不得不问的一个问题就是,脑是如何产生人的心理,其工作机制是怎样的? 实际上,心理是人脑的一种机能,其工作机制是通过反射来实现的,所谓反射,是有机体借助神经系统对体内外的刺激所做的规律性反应。对于反射有两点需要说明,一是反射是一种规律性的反应,二是反射是借助神经系统来实现的。所谓规律性反应就是稳定的、不变的,只要有相应的刺激作用,有机体就会做出相应的反应。例如,当我们的手触碰到某种烫的东西后,手会立即缩回,以避免被烫伤,这种缩手的动作就是一种反射,因为它是一种规律性反应,即不管什么时候,只要我们感觉烫手,我们就会缩手,它不会说我今天高兴就缩手,明天不高兴就不缩手,否则就说明你的脑子可能有问题。神经系统能够产生反射,和神经系统基本的构成单位——神经元的功能有关系,神经元的基本功能就是受到刺激后会产生神经冲动,并能传递神经冲动。神经冲动是一种生物电信号,通过它在有机体神经系统内的传递,使有机体获得了刺激信息并对其做出相应的反应。神经冲动在一个神经元内是以电信号的方式传递,在不同的神经元之间是借助突触结构(神经元之间相互接触的部位)以化学方式进行传递,这样就保证了神经冲动肯定能传递到终点。

实现反射活动的神经结构叫作反射弧,一般由感受器、传入神经、中枢神经、传出神经、效应器五部分构成。感受器是分布于身体表面和各种器官上的感觉神经末梢,当这些神经末梢受到刺激后就会产生兴奋即神经冲动,神经冲动沿传入神经向内传递,一直传递到相应的神经中枢,在神经中枢内对神经冲动进行加工和解释,以揭示信息的意义,并在此基础上产生新的指令,这种指令是一种新的神经冲动,它会沿着传出神经向外传递,传递到相应的效应器,效应器包括肌肉和各种腺体,传递到肌肉会引起肌肉的收缩,传递到腺体会引起腺体的分泌,这些都是有机体对刺激所作出的反应。这就是一个简单的反射活动过程,在这个过程中效应器的反应并不是反射活动的简单结束,效应器的反应同时又构成了一种对有机体新的刺激,在这种新刺激的作用下,有机体又会开始另一个反射活动,正是由于这种反馈机制,才使日常生活中人们的行为连续不断,并使人的行为活动更加精确、系统和完善。对于反射活动我们可以用上面缩手的例子来加以说明,当手触碰到烫的东西,位于手部皮肤表面的感觉神经末梢就受到刺激产生神经冲动,神经冲动沿传入神经传递到躯体感觉中枢,经过分析,揭示出这是一种对人体有伤害的刺激,进而产生应该躲避的指令,这种指令沿传出神经传递到上肢的相应肌肉并引起肌肉的收缩使手缩回,以免手被烫伤。尽管这一行为过程非常快,但其反射过程必须通过这些环节才能完成。

反射分为无条件反射和条件反射两种。无条件反射是指有机体生来就有的,不学而能的反射活动。这种反射活动是有机体在进化过程中通过遗传继承下来，其神经通路先天固定，对于有机体的生存和发展具有明显生物学意义。无条件反射主要包括食物反射、防御反射和性反射。食物反射包括觅食、吮吸和吞咽等，防御反射包括眨眼、咳嗽、打喷嚏等，这些反射活动都是有机体一出生就会的，不用后天学习，它们对于有机体在生命初期的生存和后期的发展及种族延续具有重要的意义。依靠这些无条件反射活动，有机体可以实现对环境的一定适应，但其适应性是有限的，有机体要想更好地适应环境就必须建立更高级的反射活动，即条件反射。

条件反射是有机体在后天生活过程中，在无条件反射基础上通过训练和学习建立起来的反射活动。例如幼童打过针之后再见到穿白工作服的人就会害怕、学生听到铃声走入或走出班级、行人按交通信号灯过马路，以及我们常说的"一朝被蛇咬，十年怕井绳"、"谈虎色变"、"望梅止渴"等都是条件反射活动。最早对条件反射进行研究的人是俄国生理学家巴甫洛夫，他的实验对象是狗，并以狗的心理性唾液分泌数量作为研究指标。实验之前，先在狗的唾液腺上开一个小口，并通过导管与检测装置连接，这样当狗分泌唾液时研究者在外面就可以观察到。我们知道当狗吃食物时，它必然要分泌唾液，这是由食物刺激引起的无条件反射，食物是无条件刺激物。实验时，每次在给狗吃食物之前，先给狗以铃声或灯光刺激，这时狗听到铃声或看到灯光并不分泌唾液，这时的铃声或灯光是无关刺激物。经过多次重复之后，即每次都是先有铃声或灯光刺激，紧接着食物出现，这时一种现象发生了，当狗听到铃声或看到灯光，食物还没有出现，狗就已经开始分泌唾液，铃声或灯光似乎成了狗进食的信号，原来的无关刺激物变成了一种信号刺激物来代替食物起作用，这说明狗已经建立起了条件反射活动。后人把巴甫洛夫通过实验研究建立起来的条件反射称作经典性条件反射。后来，美国著名行为主义心理学家斯金纳也对条件反射进行了实验研究，他的实验对象是白鼠。斯金纳设计了一个叫"斯金纳箱"的装置，在箱子的一侧壁上有一个杠杆，杠杆与一个食物供给装置相连，只要压动杠杆，就会有一粒食丸滚进箱子里的食盘。实验时将一只饥饿的小白鼠放进箱子里，由于饥饿，小白鼠会在箱子里胡乱地走动，当它偶然踏到杠杆时，就有一粒食物丸放出，一丸吃不饱，小白鼠还会继续来回走动，再次偶然踏到杠杆,又会得到一粒食物丸,经过多次后,小白鼠按压杠杆的概率不断增加,成功获取食物的行为越来越频繁,最后,小白鼠终于学会去主动按压杠杆来获取食物,这标志着在小白鼠身上一种条件反射已经建立起来。由于这种条件反射是通过动物的主动操作建立起来的,因此斯金纳把这种条件反射称作操作性条件反射。

条件反射的建立一定要以无条件反射为基础,有机体如果连无条件反射都没有,是不可能建立起条件反射的。由于条件反射不是有机体先天就有的,因此不存在先天固定的神经通路,其建立的实质是在有机体的大脑皮层上形成了一种暂时的神经联系,只要这种暂时神经联系的条件存在,条件反射就会发生,当暂时神经联系的条件不存在了,条件反射也就逐渐消退,直至最后消失。要想让条件反射一直保持,对暂时神经联系的强化是一种必要的手段。所谓强化就是伴随有机体的某种行为之后出现,并能使相应行为发生概率增加的事件。起强化作用的刺激物就称作强化物。实际上,经典性条件反射和操作性条件反射建立的过程就是因为有强化的条件伴随,对于狗来说,每次听到铃声或看到灯光后,就必须有食物出现;对于小白鼠来说,每次按压杠杆后,也必须有食物丸滚落,在这两种条件反射中,食物都起到了强化的作用。对于人来说,我们各种行为的产生、各种习惯的养成、态度与信念的建立、性格的形成等,从根本上来说都是一系列的条件反射的建立过程,并通过强化使之不断完善和发展。在日常生活中,我们也很好地利用了强化的手段,来培养和塑造某种积极的行为,消除某种消极的行为。例如,在家庭教育中,当孩子做出了某种积极的行为后,大人会给予表扬和鼓励,这种表扬和鼓励就是一种正面强化,在这种强化作用下,孩子的积极行为会继续保持下去。同样,在学校教育、各行工作中,表扬和鼓励都是一种非常有效的强化手段。但是,有时强化也会起反面作用,比如,小孩子刚学会走路后,第一次摔倒时如果大人就赶紧将其扶起来,那么以后只要他摔倒了,本来是可以自己站起来的,他也不自己站起来,只有大人扶才会站起来,否则就趴在那里哭闹不起来,原因就是第一次的搀扶对他起到了强化作用;再比如,当小孩第一次说脏话时,大人不是制止而是感觉好玩给以微笑,那么以后孩子说脏话的频率会快速增加,原因是大人的微笑起到了强化作用。可见,对于强化手段的应用,一定要适时、适情况、适对象来实施,否则可能会产生负面的效果。

　　条件反射的建立,对于动物来说,使其适应环境的能力增强,因为条件反射是对信号刺激做出反应,而不必非得局限于某种具体的刺激物。客观世界的各种事物之间有着密切联系,而且往往互为信号,这样动物很多时候就可以根据信号刺激而做出提前反应,这对于提高其生存和发展能力,具有重要的意义。正是根据条件反射是对信号刺激做出反应这一事实,巴甫洛夫在晚年提出了"两种信号系统学说"——第一信号系统和第二信号系统。第一信号系统是由具体事物或事物的属性(颜色、大小、形状、气味、声响等)作为条件刺激物而建立的条件反射系统。这些具体刺激物就称为第一信号刺激物,这是动物和人都具有的条件反射系统。第二信号系统是由词和语言作为条件刺激物而建立起来的条件反射系统。这些词和语言是代替具体事物而起信号作用的,因此称为第二信号,第二信号系统的条件反射是人所独有的。在人身上,两种信号系统相互协同,第一信号系统是第二信号系统的基础,第二信号系统对第一信号系统起支配和调节作用。

客观现实:心理的内容源泉

　　人脑作为心理产生的器官,其内部不包含任何心理内容,它并不像人体的其他腺体一样可以分泌出各种激素,比如脑垂体可以分泌生长素、甲状腺可以分泌甲状腺素、肾上腺可以分泌肾上腺素,人脑分泌不出任何心理现象。但我们不是说心理是由人脑产生的吗? 它不来自人脑,又来自哪里呢? 实际上,人脑只是产生心理的器官而已,心理的内容不是来自人脑本身,而是来自客观现实,客观现实才是人的复杂心理现象的内容源泉。在这里,可以把人脑比作一个"加工厂",这个"加工厂"设备先进、机能完善,但要想生产出"产品",必须有"原材料"的输入,这些"原材料"就是由客观现实来提供的,通过客观现实源源不断地提供各种"原材料",经过大脑的加工和处理,所生产出来的产品就是人的各种心理现象。客观现实为人脑提供原材料的方式,就是通过刺激人体的各种感官,让感官对刺激做出反应并产生信息传递到人脑进行加工和处理,进而产生心理内容。可见,人的心理产生必须具备两个前提条件,一个是人脑,一个是客观现实,二者缺一不可。

客观现实是指不依赖于人的意志、思想和心理而存在的一切事物,包括自然现实和社会现实。自然现实包括河流山川、树木花草、鸟兽虫鱼等纯自然现象及道路、桥梁、建筑、工艺、美术等人造自然现象;社会现实包括人类社会的生产活动、经济活动、政治活动、阶级斗争等各种由人们相互交往而产生的社会现象。这些客观现实以各种不同的方式反映到人脑中,产生了人类各种复杂的心理现象。因此,马克思曾经论述过:"观念的东西不外是移入人的头脑中改造过的物质性的东西而已。"从最简单低级的心理活动到高级复杂的意识反映都离不开对客观现实的依存。

最简单、最初级的心理现象——感觉和知觉的产生离不开客观现实。我们可以通过眼睛看到五光十色的大千世界,这些颜色感觉是不同波长的光作用于视分析器的结果;我们可以通过耳朵听到各种美妙的音乐,这些声音是由于物体的振动压缩空气作用于听觉分析器而产生的;我们可以品尝各种人间美味,这些味觉是由溶于水的物质分子作用于味分析器产生的,还有嗅觉、触压觉、温觉、痛觉等等感觉都是由于某种物质对感官的作用而产生的,没有这些物质,任何感觉也不会产生。知觉是对事物整体属性的反映,其主要是对感觉所获得的信息进行整合,进而对事物进行整体确认,当感觉所提供的信息残缺不全时,我们就很难实现对事物整体的反映,这说明当缺少某种客观刺激信息时,知觉也就产生不了。

记忆是过去经历过的事物在人脑中的一种反映。这些经历过的事物都是客观存在的,都是在过去的某个时间由主体亲身经历的,然后由大脑将它们记住,成为我们日后回忆的内容。没有客观刺激物的作用,人就没有什么可记的,记不存在了,也就谈不上忆了。记忆就好比一个仓库,当初没有放进去东西,又如何从里面取出东西呢?

想象是人脑对记忆表象加工改造创造新形象的过程。通过想象可以使我们的认识范围无限扩大,我们可以飞出地球,看一看宇宙的景色;我们可以穿越回人类的远古时期,看一看远古人的生活场景;我们还可以超越时空,想一想人类未来的生活画面,所有这些都可以通过想象来实现。这些听起来似乎已经超越了现实的想象活动,是否就真的脱离了客观世界的束缚呢?实际上不然,不管我们的想象活动多么离奇古怪,凡是你能想象出来的事物,在现实世界必然能找到其原型或其素材和依据,人无法想象出什么素材都没有的事物。

思维、观念、思想和意识这些复杂的心理现象,同样依存于客观现实。思维活动的进行,离不开知识经验的获取,思想观念的形成绝不是空拍脑门而来的,它来自人对社会现实的分析和总结。比如马克思关于社会主义的思想观念,绝非他的一种奇思妙想或是异想天开,而是在分析资本主义大生产和生产资料私人占有的矛盾基础上,提出来的解决这些矛盾的社会变革的思想。即使现实生活中的某些病态现象,比如某些人的幻听、幻视、妄念等,实际上也必须有外界的刺激和已有的心理状态、知识经验作为基础才能发生。

社会实践:心理形成的途径

前面已经谈过,人的心理产生必须具备两个前提条件,一个是人脑,一个是客观现实,二者作为心理产生的客观前提,彼此之间并不是自动发生联系的。人脑不能自动获取客观现实,客观现实也不能自动进入人脑,要想让客观现实进入人脑成为心理的内容,必须通过某种中介途径使二者之间发生联系,这样才能使人脑反映到各种客观现实并对其加工,成为心理的内容。这个中介途径就是人所从事的各种实践活动,通过实践活动使主体与客体发生联系,客观的内容得到人的主观心理加工,然后再以客观的形式实现人的主观心理表达。宋代著名诗人苏东坡的一首《咏琴》诗,很好地表达了这一思想:"若言琴上有琴声,放在匣中何不鸣? 若言声在指头上,何不与君指上听。"这首诗明确地告诉我们,优美的琴声既不是琴本身发出的,也不是来自人的手指本身,它是通过人的手指去弹奏琴这一实践活动来产生的,没有弹奏这一实践活动,再好的琴和再灵活的手指也不会有优美的琴声产生。

人的各种心理活动的产生,都离不开社会实践活动,可以说社会实践对人的心理起制约作用。人与动物的最大区别,就是人出生之后就开始参加人类的社会实践活动,通过这种社会化使人从刚开始的生理实体转化为后来的社会实体,进而建立起人所具有的心理结构,真正成为一个具有社会意义的人。如果人一出生就脱离人类社会,不经过社会化这一过程,即使出生时人所具有的遗传素质都具备,他(她)也不能实现从生理实体向社会实体的转变,更谈不上人类心理结构的建立,这时将其称作动物并没有什么不妥。历史上发现过很多从小就失去和人类的联系,而是被动物养大的人类儿童,其中最有影响的就是"狼孩"的例子。1920年,在印度加尔各答山区的一个狼洞里,人们发现了两个被狼养大的小女孩,人们把她们带回后交由一对叫辛格的牧师夫妇照料,辛格夫妇为她们取名一个叫"阿玛拉",一个叫"卡玛拉","阿玛拉"被带回后不久就死了,"卡玛拉"活了下来。经过骨龄测定,"卡玛拉"已经相当于正常八岁儿童的发育水平,但是她完全不具有八岁儿童所应有的心理行为表现。刚带回来时,她赤身裸体,不让人给穿衣服;四肢着地,不能直立,趴着吃东西;白天睡觉,晚上起来活动,具有极强的夜视力;喜欢和小动物玩耍,不喜欢和人类小孩在一起;不会讲话,没有人类的情绪情感表达。经过辛格牧师艰苦的训练,"卡玛拉"慢慢学会了直立和简单的行走,学会用上肢吃食物,开始穿衣服,并能帮助辛格夫人做一些简单的工作,受到表扬时还有一点高兴的情绪表达。但不幸的是,"卡玛拉"在十七岁时死于尿毒症,她死的时候智商才恢复到仅仅相当于正常儿童三岁的水平,一直到最后她也没有一句完整的语言表达。"卡玛拉"具备人类所有的遗传素质,但没有形成人的心理,就是因为其一出生就脱离人类社会,和动物生活在一起,没有经过人类的社会化过程,因此无法实现从生理人向社会人的转变。

人自出生后就开始了各种实践之旅,通过各种感官功能的发挥,人认识了各种事物及其属性。获得了各种感性认识,并在此基础上进行不断的抽象和概括,使感性认识上升到理性认识,并通过对各种问题的解决,使思维得以完善和发展。通过与人的接触,我们掌握了语言,具有了丰富的情绪表达,伴随实践活动的深入,磨炼了自己的意志品质,有了自己的兴趣爱好,在稳固的态度和坚定的信念基础上,形成了自己独有的性格。所有这些心理活动都是在实践活动中形成和发展起来的,离开社会实践活动,不会产生人的任何心理。

心理反映:主观性与能动性

心理是人脑对客观现实的反映,这种反映带有主观性,它跟拿镜子照物体不一样,照镜子时出现在镜子里的物体跟被照物体是一模一样的,一点也没有发生变化,而客观事物反映到人脑中后,虽然也保留了客观事物的基本特征和属性,但绝不是客观事物原封不动地进到人的脑子里,它只是客观事物的一个主观映像,人用这个主观映像来代替客观事物,并利用它实现对外部事物的反应。正因为心理反映具有主观性,不同的人面对相同的事物才会有不同的反应。看到相同的颜色,有人认为颜色深,有人认为颜色浅;同样的声音刺激,不同的人会有高低不同的感觉;同样的疼痛刺激,有人会疼的龇牙咧嘴,有人就跟没事人一样,可见当我们面对相同的物理刺激,所产生的反应不同。面对同样的社会事件,有人赞扬,有人谴责,有人高兴,有人愤怒,之所以会有如此多的反应,是因为人们有不同的感受。同样的风景名胜,有人认为美不胜收,有人认为平淡无奇;同样的一款服饰,有人认为潇洒漂亮,有人认为庸俗不堪,原因是不同的人有不同的审美评价标准。同样是老人倒了该不该扶的问题,有人支持,有人反对,有人谴责路人的冷漠,有人谴责老人的讹诈,有人同情路人的好心得不到好报,有人同情老人的无奈之举,凡此种种都源于不同的人所站的道德立场不同。所有这些不同的反应,最终形成了人们彼此不同的心理世界。心理反映的主观性,并不代表人的心理具有局限性,恰恰是因为这种主观性,才使人与人变得不同,才让我们的生活变得丰富多彩。知道了心理的这种主观性,我们就明白为什么人们之间会有分歧,会有矛盾和斗争,更主要的是知道人与人之间的宽容、理解、接受异己、换位思考对于和谐相处是多么简单而又重要。

心理反映具有主观性的同时,还具有能动性。人不是被动地接受客观的影响,而是积极主动地作用于周围现实。这种能动性首先表现在人在开始一项行动之前,其结果就以目的的形式存在于人脑之中,人正是依靠这种对结果的预见性来支配和调节自己的行动。人的这种有目的性行为,减少了人类行为的盲目性,也使人类和动物有了明确的区分。其次,心理的能动性体现在人不仅可以认识世界,还可以改造世界。人通过心理活动认识了万事万物,了解了它们的属性,把握了它们发展变化的规律,并能够利用这些知识和经验,按照自己的意图去改变周围的世界,创造适合人类生存和发展的环境。世界变成今天这个模样,可以说是人类的功劳,也可以说是人类的罪过,但不管是功劳还是罪过,都是人的能动意志的产物。再次,心理的能动性还体现在人不仅可以认识自己,还可以改造自己。

人不是一出生就可以清楚地认识自己的,必须伴随心理的不断成熟,在建立起明确的自我意识基础上,人才有可能实现对自己的认识。通过对自己认识的不断清晰,人会发现自身存在着很多不足,并产生改变这些不足不断完善自己的愿望,这种愿望就是一种能动的源泉,它推动着人不断地去改造自己,完善自己,使自己最终成为理想中的自己。

第三章

感　觉

什么是感觉

心理活动的产生是从感觉开始的，无论是对动物的心理还是人的心理，感觉都是最初级的心理活动。从物种的演化史来看，在腔肠动物阶段，物种就已经具备了对外界刺激反应的能力。腔肠动物的典型代表是水螅，其体内的神经就如一张网一样，不具有神经中枢，因此被称作网状神经。这种网状神经不能控制神经冲动传导的方向，因此只要刺激水螅的身体任何部位，不管是什么样的刺激，水螅都会做出相同的反应，即引起全身的收缩。由于这种反应不能精确反映刺激物的属性。带有笼统性，因此被称作未分化的感觉，这种未分化的感觉还不能被称作心理。感觉的真正产生是在物种演化的节肢动物阶段，节肢动物的代表是各种昆虫，其体内的神经被称作节状神经，这种神经具有几个大的神经节，因此可以控制神经冲动的传导方向，并可以精确地揭示刺激物的属性，例如蜜蜂不仅可以对花的形状和颜色做出反应，还可以对花的气味做出反应，并可以把这种信息传递给同伴，告知蜜源的方位。蜜蜂这种对花的不同属性所做出的反应，就是一种感觉的心理活动。人的感觉的产生也不是在出生之后才开始的，在胚胎发育的后期，伴随感官结构的发育完成，其机能就已经开始发挥作用，即一些感觉就已经开始产生了。其中，表现最明显的就是听觉，这时胎儿可以听到外面的声音刺激并对其做出不同的反应，比如对一些比较安静、柔和、舒缓的声音刺激是喜欢的，而对那些比较响的、杂乱的声音刺激是不喜欢的,因此在胎教过程中对胎教音乐的要求是有严格标准的,否则不但不能起到胎教的效果,反而可能会损害胎儿的听力,甚至对其情绪和人格都会产生不利影响。

感觉在心理学上的定义是:感觉是人脑对直接作用于感觉器官的客观事物的个别属性的反映。从定义中可以知道,感觉是对客观事物个别属性的反应,这些个别属性包括很多,例如物体的形状、大小、颜色、气味、软硬、冷暖、重量、声音等都可以成为感觉的刺激,当它们分别作用于人的不同感觉器官,就产生了视觉、听觉、味觉、嗅觉、触觉等各种各样的感觉。人的心理是从感觉开始的,通过感觉使人同外界环境相接触,并把事物的各种属性反映到人脑当中,使大脑获得了心理活动的最初加工材料,正是通过对这些材料的加工,才使人脑的机能得以发挥,才使人的心理活动得以实现。

感觉具有两个非常重要的特点,即感觉的直接性和即时性,这两个特点也可以说是感觉存在的前提条件,脱离这两个前提条件就不存在感觉。感觉的直接性是指感觉产生时必须有刺激物直接作用于人的某种感官,不是通过某种间接的方式来实现;感觉的即时性是指感觉只反映当前一刻的刺激,当刺激已经结束或是没有发生,感觉也就不会发生。例如,当我们用眼睛看着一个苹果时,问你苹果是什么形状和颜色的,我们的回答是根据感觉来进行的,如果把苹果拿走了,再问你刚才的问题,这时你的回答就不是根据感觉来进行的,而是根据记忆来回答的;如果不亲自咬一口苹果,你就不知道苹果的味道,即使你过去吃过苹果知道了苹果的味道,但那对你来说是一种经验而不是感觉。日常生活中,人们常说的"眼见为实,耳听为虚",其实就是对感觉的直接性和即时性的强调,尤其是对某些社会事件来说更是如此,人们还是更相信自己的眼睛而不是耳朵,因为"眼见"必须具备以上两个条件,"耳听"可以不必如此。正因为感觉具有这两个前提条件,我们才把感觉看作是最简单和最初级的心理活动,只有刚出生的婴儿第一次接触事物时才会有这种心理反应,伴随着心理活动的发展,这种单纯的感觉反映几乎是不存在的,除非是在某种限制条件下。

尽管感觉是最低级的心理活动,但它也体现了人的心理具有主观性这一事实,感觉的这种主观性受很多因素的影响。例如,同样面对一种绿色,来自不同生活环境的人所产生的绿色感觉是不同的,来自沙漠地区的人会感觉这种绿色是那么鲜艳并感觉亲切,而来自草原地区的人就不会感觉这种绿色有多么鲜艳并感觉极其平常,可见生活环境的不同影响到了我们对事物的感觉。现实生活中我们常说的"情人眼里出西施"、"饱汉子不知饿汉子饥"、"站着说话不知腰疼"等都反映了感觉的这种主观性。

感觉价值:感觉的作用

感觉的首要作用是为人提供了内外环境的信息。人生活在环境当中,每时每刻都需要从环境中获取各种信息,并根据这些信息来指导我们的行动。这些信息就是通过人体的不同感官,对来自主体外部环境和内部环境的各种刺激的反映。例如,过马路时我们会根据来往车辆速度的快慢来调整自己脚下的速度;根据谈话对方的反应做出对声音高低的调节;根据饭菜的味道决定我们是多吃还是少吃;根据皮肤的温度反应决定所穿衣物的多少;根据身体内感受器的反应来调整各种运动姿态与身体姿势等等。这些活动的完成都是通过感觉为我们提供了相应的信息来实现的,如果没有感觉所提供的这些信息,人就无法在环境中正常生存。因此,所有的感觉对人来说都是有意义的,不管是哪种感觉丧失了,那么与之联系的信息就不能被人所获取,进而就会影响到相应活动的实现与完成。天生的盲者成不了画家,天生的聋者成不了音乐家,即使像痛觉这种感觉也是人所不可或缺的。我们可能会天真地幻想,人如果没有痛觉该有多好,那样的话我们就不知道疼痛,就什么也不用怕了,其实不然,人如果真没有痛觉的话,不但是一件痛苦的事情,还会对人的生活造成伤害甚至威胁生命。因为痛觉是一种保护性感觉,有了它人才会躲避伤害性刺激,实现对自身安全的维护,否则,人就不知道什么刺激是对人有伤害的,更不知道该去躲避,这样人就时时生活在危险之中。现实生活中就有一种病症,即"先天无痛症",我国发现的一个叫金晨的女孩就是一个这样典型的病例。金晨是一个同正常儿童没有什么区别的孩子,但她没有痛觉。据她父母回忆,金晨在出生六个月就没有痛觉了,她打针从来不哭,还经常咬破自己的舌头和手指,有时喝下滚烫的开水,并把舌头上烫起的皮撕下来等等,却毫不感到痛苦,因为她不知道什么是痛。先天无痛觉的人,由于丧失了疼痛警告信号,常常遍体鳞伤,细菌很容易进入伤口,引起炎症,不少先天无痛觉的人,由于败血症而丧生。可见,没有痛觉对人来说不是一件幸运的事,反而是不幸的。

感觉为人提供内外环境信息的同时,也实现了人体与环境之间的信息平衡。人体作为一个小环境与外界大环境之间不断进行着信息的交流,当这种信息交流处于平衡状态时,人就能很好地在环境中生存,达到对环境的适应;当这种信息平衡被打破,即出现信息不足或信息超载时,人就无法达到对环境的适应,产生严重的身心问题。这种信息不足或信息超载的发生都与感觉有关,当在某些条件下,感觉不能获取足够的信息提供给大脑,人就会出现信息不足的情况。当人处于信息不足的情况下,会有什么样的反应呢?这可以通过"感觉剥夺"实验来说明。第一个感觉剥夺实验是由贝克斯顿、赫伦、斯科特于1954年在加拿大一所大学的实验室进行的。实验者招募了一些大学生作为被试,并每天付给20美元的报酬,在当时这是一笔不小的收入,所以大学生都非常愿意参加实验。实验时,被试被单独安排在一个只有一张床的小房间内,戴上半透明的塑料眼罩,可以透进散射光,但没有图形视觉;手上和脚上都戴着纸板做的套袖和棉手套,限制他们的触觉;睡觉时头枕在用U型泡沫橡胶做的枕头上,同时用空气调节器的单调嗡嗡声限制他们的听觉。被试要完成的任务很简单,就是每天24小时躺在床上,除吃饭和上厕所外,严格限制被试的感觉输入,要求他们尽可能长的时间待在实验环境内。实验前,大多数被试都很高兴地认为可以利用这个机会好好睡一觉,或者考虑一下课程学习和论文的计划,但实验结果显示很少有被试能在这种环境下坚持生活一周。实验刚开始阶段,被试还能安静地睡着,但过了不久,被试开始失眠,不耐烦,急切地寻找刺激,他们唱歌、打口哨、自言自语,用两只手套互相敲打,或者用它去探索小屋。这时被试变得焦躁不安、老想活动、觉得很不舒服。走出实验室后,被试报告说,他们的注意力难以集中,无法完整地进行回忆,思维变得混乱不连贯,总是跳来跳去的,条理不清,根本无法进行清晰的思考,情绪烦躁。对刚走出实验室的被试进行的心理测验发现,他们进行精细动作的能力、识别图形的能力、长时间集中注意的能力以及思维的能力均受到了严重的影响,甚至在试验过后的一段时期内仍无法进入正常的学习状态。而且,很多被试报告说,他们在实验过程中出现了幻觉,其中大多数是视幻觉,如闪烁的光,忽隐忽现的光等,也有的被试报告产生了听幻觉和触幻觉。感觉剥夺实验说明,剥夺人的感觉所造成的感觉信息输入不足,将会严重影响人的认识过程,造成记忆力减退,思维能力下降,引发情绪不良,甚至产生幻觉等病态症状。这充分说明通过感觉获取丰富的信息对维持人正常的生理及心理机能状态是必需的。这一实验也说明,为什么绝大多数人都害怕被孤立和被隔离,除非是个人选择的离群索居。当失去与人群的联系时,人就会感到孤独和寂寞,这种孤独与寂寞往往是人难以承受的心理压力。很多时候,人们也正是利用这一事实,通过关黑屋、蹲禁闭等措施来实施对人的惩戒。

信息平衡被破坏的另一种情况是"信息超载"。人的大脑加工信息的能力是非常强大的,绝大多数时候都不会出现信息超载的情况。但其毕竟有一个限度,在某些条件下,需要人在短时间内处理大量信息的时候,可能会出现信息阻断或信息加工不畅等暂时的"信息超载"情况,这种暂时的"信息超载"并不会对人的心理造成太大的影响。对人会产生不良影响的"信息超载"是指长时间处在大量信息包围的环境之中,每天都有海量的信息需要去处理,根本没有空闲的时间由个人来自由支配,让大脑得到充分的休息,时间久了,人就感觉总有一个巨大的心理压力背负在身上,让人难以忍受,又无法自拔。这时,"信息超载"可能就已经产生了。西方研究者将这种由"信息超载"所引发的病症称作"信息污染综合征",其生理症状表现为头昏脑涨、胸闷气短、失眠、消化不良等,心理症状表现为认知功能下降、情绪焦躁不安、精神抑郁、感觉生活没有乐趣、丧失生活目标和信心,严重的会产生自杀念头甚至自杀。现代社会被称作信息社会,信息对每个人来说都极其重要,因此每个人都想及时获取更多的信息并保有信息,否则就会产生跟不上时代步伐的恐慌心理。但如果只知道获取信息而不知道如何消化和利用信息,这些信息就会变成一种负担,对人的心理造成压力。也正是由于信息的重要,人们会想方设法地向周围传递信息,充斥于电视、报纸、网络等媒体上的广告无时无刻不对人们进行着信息的狂轰滥炸,即使是走在路上也会不断有人向你的手里塞着各种各样的宣传单和小广告,而这些信息根本就不是你所需要的,进而使人产生厌烦心理。"信息超载"不仅破坏了人与环境之间的信息平衡,更主要的是它给人带来了心理压力,在这种巨大的心理压力之下,人们的正常心理机能受损,影响了人们正常的社会生活。有人曾对生活在大城市当中的人和生活在乡村当中的人们之间的关系做过对比研究，发现生活在大城市中的人大多情感淡漠，彼此互不关心，人与人之间的关系比较冷漠和疏远；而生活在乡村中的人大多情感丰富，彼此相互关心，人与人之间关系比较融洽和亲近。针对这种结果，研究者指出其中一个重要的原因就是和生活环境中的信息量的多少有关。大城市中，信息量大，人们的生活节奏快，每个人每天都为处理不完的工作而倍感压力和烦恼，根本无暇顾及周围的人和事，忽略了亲情、友情以及邻里情，因此使人们之间的关系变得比较冷漠和疏远；而乡村生活相对比较简单，没有那么多的信息需要处理，人们都生活在一种慢节奏当中，他们可以有很多时间去关心别人，可以随时随地走入别人的家去和他们联络感情，这样一种简单而又随意的生活使人们之间的关系变得融洽和亲近。

感觉对信息平衡的调节作用是在动态过程中完成的，当感觉刺激过少时，人们会通过主观能动性的发挥，积极发动各种行为作用于周围的环境，进而产生各种刺激来弥补信息的不足；当信息量过大，超出了人们的信息接收能力，人们会采取暂时回避或对信息进行筛选的策略来应对，避免由于"信息超载"带来的不良影响。日常生活中，感觉剥夺的情况不大会发生，但有时可能会在无意的情况下限制了感觉刺激的输入，造成了感觉信息不足。这一点，对家庭中儿童的照顾与抚养行为具有重要的启发意义，为了给儿童提供更多的感觉刺激，父母应该多对儿童进行抚摸、拥抱，多与儿童进行肢体游戏活动，减少对儿童的束缚，给他们创造更多自由活动的时间和空间，让他们更多地接触自然，多与他们进行语言交流，这些做法都有利于儿童更多地与外界事物相接触，从而获得丰富的感觉刺激，这对儿童的身体发育和心理发展都是极其重要的。相反，有时家长可能只是一味地给孩子提供信息，而缺少对如何消化和利用信息的指导，这样可能就会超出孩子的信息承受能力，出现信息超载的情况。例如，有些家长给孩子买了很多玩具，至于这些玩具有什么功能，该如何去玩，家长并没有太多的考虑；当孩子面对网络上纷繁复杂，良莠不齐的信息时，该如何去甄别和使用，家长也没有进行有效的指导，这都会使孩子在面对玩具和网络时变得无所适从。

感觉衡量:感受性与感觉阈限

感觉是由客观刺激直接作用于人的感官而产生,因此要想产生感觉必须有客观刺激的作用,这是感觉产生的必要前提。那么是不是只要有刺激作用于人的感官,人就能产生感觉呢? 回答是否定的,并不是有了刺激作用,人就能产生感觉,要想产生感觉,刺激作用一定要是适宜的并达到一定的强度,例如,我们周围的空气中散布着各种灰尘,这些灰尘不断地落在我们的皮肤上,对皮肤产生了刺激作用,但我们对此却没有任何感觉,原因就是这种刺激并没有达到能够引起人产生感觉的强度,如果这些灰尘结成了大的尘埃颗粒落在了皮肤上,我们可能就会感觉到了它的刺激作用。可见,客观刺激的作用只是感觉产生的必要条件,但不是充分条件。心理学上,有关人对刺激的感觉能力的研究,就是有关感受性的研究。

感受性就是指人对于适宜性刺激的感觉能力,或称作感觉的灵敏程度。感受性的个体差异比较大,不同的人对同一刺激会有不同的感受,同一个人对不同的刺激也会有不同的感受,日常生活中,有些人对任何事情都极其敏感,而有些人在任何事情上都反应迟钝。这种感受性的差异受很多因素的影响,既有先天遗传素质的作用,也有后天生活环境及生活经验的作用,同时人的活动性质、刺激的强度与时间、注意的状态、对待活动的态度、年龄等因素都会对感受性产生影响。感受性分为绝对感受性和差别感受性两种。绝对感受性是指人的感官觉察刚刚能够引起感觉的最小刺激量的能力。人的各种感觉产生,都有一个刺激作用的绝对下限,这个绝对下限就是刚刚能够引起感觉的最小刺激量,低于这个刺激量人就不能产生感觉。人类各种感觉的绝对感受性都很高,在空气清新的夜晚,人们可以看见 30 英里外的一支烛光,它的强度相当于 10 个光子;在安静的环境中,人们能够听到 20 英尺远处手表秒针的嘀嗒声,它的强度相当于 $2 \times 10^{-9} \text{N/cm}^2$;人也能嗅到一公升空气中散布的十万分之一毫克的人造麝香的气味。尽管人的绝对感受性很高,但在日常生活中我们绝对不是在这种条件下产生感觉的,周围环境为我们所提供的刺激和我们为别人所提供的刺激绝对不是都控制在刺激的绝对下限上,因此,我们要考虑的问题是在不同的环境条件下如何提供合适的刺激,使人具有一个良好的感受性。差别感受性是指人的感官觉察刚刚能够引起差别感觉的刺激物间的最小差异量的感觉能力。事物之间总是存在着差异,但并不是有了差异,人就能够感觉到,要想产生差异感觉,差异必须要达到一定的量,人对这种最小差异量的感觉能力就是差别感受性。例如,三十人参加的大合唱,某一天少来一人,尽管在声音强度上有了差异,但我们并感觉不到声音有了变化,如果少来十人,我们就会感觉到声音的变化。基于差别感受性的事实,当我们在生活或工作中,为了要达到某种效果而变化刺激时,必须考虑到变化的刺激是否已经达到了能够引起对象产生差别感觉的程度,不然的话,尽管有了变化,却不能获得想要的效果。例如,教师讲课时,为了保证每一位学生都能听得清楚,教师必须让自己的声音保持在一定的强度上,但不是自始至终都是这样一种声音强度,当讲到不同内容时,教师会变化声音的节奏和强度,这样才能让授课富有变化,更容易吸引学生认真听讲,否则在一种声音强度刺激下,会让学生产生听觉疲劳,丧失听课的兴趣。

感受性强弱的衡量指标叫作感觉阈限,是指能够引起感觉并持续了一定时间的刺激量。感觉阈限分为绝对感觉阈限和差别感觉阈限,分别用来衡量绝对感受性和差别感受性。绝对感觉阈限就是刚刚能够引起感觉的最小刺激量;差别感觉阈限就是刚刚能够引起差别感觉的刺激物间的最小差异量。感受性与感觉阈限之间是一种反比例的关系,即阈限值越小,感受性越强,阈限值越大,感受性越弱。德国生理学家韦伯曾系统研究了差别阈限问题,他发现,对刺激物的差别感觉,不取决于一个刺激物增加的绝对量,而取决于刺激物的增量与原刺激量的比值。例如,一开始我们提的重量是 10 克,只有增加 3 克的时候,我们才感觉到两个重量的差别;如果原有的重量是 20 克,那么必须增加 6 克;如果原有的重量是 30 克,那么重量就应该增加 9 克。可见,为了引起差别感觉,刺激的增量与原刺激量之间存在着某种关系,即刺激增量与原刺激量之间的比值是一个常数,心理学上将这个分数称作韦伯分数,这种关系被称作韦伯定律。感受性与感觉阈限之间的关系在日常生活中被广泛利用,例如,不同的工作环境或生活环境下,什么样的灯光亮度才会让人感觉更舒适,当需要增加到某个亮度或减弱到某个亮度时,应该按什么比例来增减;做菜时如何把握菜的咸淡,使人有更好的口感;香水的气味是否就是越浓越好等等,都需要考虑到感受性和感觉阈限的问题。

感觉差异:感受性的变化与发展

人的各种感受性并不是一成不变的,它会在各种条件的作用下发生改变。感受性的变化主要表现为以下几种形式:

感觉适应。感觉适应是由于刺激物对感受器的持续作用而引起感受性变化的现象。感觉适应既可以使人的感受性提高,也可以使人的感受性降低。人的多种感觉都具有明显的适应现象。例如,古语所说的:"入芝兰之室,久而不闻其香;入鲍鱼之肆,久而不闻其臭",这是嗅觉的适应;戴了多年眼镜的人,并不感觉眼镜对皮肤的压迫,冬天刚穿上棉袄棉裤时感觉又沉又重,过几天后不再感觉沉和重,这是对触压觉的适应;"总吃蜜,蜜也不甜","美味不可多食",这些简单的道理说的就是味觉的适应;总戴着耳机听音乐的人,会不知不觉地不断调高音量,这是对听觉的适应。除了这些适应明显的感觉外,人的痛觉适应不明显,它一般不会随着痛觉刺激的持续作用而适应,只能是越来越疼,直至失去痛觉。感觉适应最明显的是人的视觉,视觉的适应分为明适应和暗适应。明适应是指在强光对视觉感受器的持续作用下感受性降低的过程。日常生活中,我们都有这样的经历,当冬天下第一场雪后,从室内出来看到雪面会感觉非常刺眼,几乎睁不开眼睛,但不总是这样,过一会后就不再有刺眼的感觉,这是由于明适应的作用,降低了视觉的感受性。同样的道理,我们就会明白为什么刚从矿井中救出的矿工都要被蒙上眼睛的缘故。暗适应是指在弱光对视觉感受器的持续作用下感受性提高的过程。比如夜晚停电的时候,刚停电的一小段时间,我们会感觉眼前一片漆黑,什么也看不见,等过了一会后,尽管还没有来电,我们也可以看到周围事物的模糊轮廓,这是由于暗适应的作用,提高了视觉的感受性。

感觉适应可以使人更快地接受新的刺激源,并实现对环境变化的适应。比如幼儿刚入幼儿园时,会又哭又闹,但几天后就会适应新的环境;年轻人由于接受新事物的能力强,很快就能实现对新环境的适应,而年老的人对新环境的适应能力就很差。这些例子说明,对于人来说应该具有较强的适应能力,这样才能减少身心的负担,更快更好地适应新的环境,这也是一种良好的生存能力体现。感觉适应的存在也可能使人降低对一些不良刺激的警觉,从而给生活和工作带来不便甚至危害。尤其是那些从事特种行业的人,要求对长时间作用的刺激保持警觉或对变化的刺激及时做出反应,故消除感觉适应所带来的不良影响,就显得尤为重要。同时,在家庭教育中也要考虑感觉适应的问题。很多家长可能都有过这样的疑问,即为什么自己的说教和督促对孩子来说并没有什么效果?道理很简单,孩子对你的说教和督促已经适应了。因此,在家庭教育中,对孩子的管教一定要讲究方式方法,过于苛求和刻板的管教一般会引起孩子的以下几种反应:一是适应刺激源,表现为循规蹈矩或是我行我素;二是逃离刺激源,表现为经常离家出走;三是消灭刺激源,表现为暴力的弑亲行为。为了避免以上几种情况的发生,家长的管教一定要适时、适度,更要适人。

感觉对比。感觉对比是指同一感受器接受不同的刺激而使感受性发生变化的现象。感觉对比分为同时性对比和继时性对比。同时性对比是指同一感受器在同一时间接受不同刺激所引起的感受性变化的现象。例如,成语"月明星稀"、"月暗星朗"说的就是视觉的同时对比现象,在视觉中还有明暗对比、颜色对比等同时对比现象。继时性对比是指同一感受器先后接受不同刺激所引起的感受性变化的现象。例如,当我们先吃完糖,再吃苹果,就会感觉苹果特别酸;反过来,先吃完苹果,再吃糖,就会感觉糖特别甜。由于味觉的这种继时性对比现象比较明显,因此对于高级餐厅的厨师来讲,上菜的顺序应该是有讲究的,即前面菜的味道不能对后面菜的味道产生不利影响,这样才能使客人越吃越香,而不是越吃越没有胃口。

由于感觉对比会使感受性发生变化,因此在日常的生活和工作中要注意发挥其积极作用,消除其不利的影响。例如,教学中板书书写的工整与否,教学语言的生动与否,进行批评教育时的谈话语气等都会给学生带来不同的感受,进而影响到教学与学习效果的好与坏。日常交往中,常说的"当着矮子不说短话"就是出于对听者的感受考虑,而采取的一种合适说话方式。对人进行评价时,"先抑后扬",就要比"先扬后抑"让人感觉舒服,也让人更愿意接受,这就如俗语"打一巴掌,再给个甜枣"所产生的效果要好于反过来的情况一样。人生当中,在年轻的时候多吃点苦,多经历点挫折,未必就是什么坏事,因为只有品尝过痛苦的滋味,人才会更加珍惜自己的所有,才能体会生活的甜蜜。这就如俗语所说:"吃得苦中苦,方知甜上甜",人生如果是"先苦后甜",人们感受到的是幸福;如果是"先甜后苦",人们感受到的是不幸。

感觉融合。感觉融合是两个以上的刺激同时作用于某个感受器而产生一个新的感觉现象。视觉中的感觉融合比较明显,比如作用于我们的眼睛使人产生视觉的白光,其实不是单纯的白光,而是由赤、橙、黄、绿、青、蓝、紫七种不同波长的色光混合而成的,如果让白光透过一个三棱镜进行折射,我们就能清晰地看到这七种色光。生活中,我们看到的雨后彩虹就是太阳光经过大气折射而形成的。另外,把不同波长的颜色混合在一起会产生新的颜色,把不同的颜料混合在一起会产生一种新的颜料等都是视觉的融合。触觉也有融合现象,研究者曾做过有关"两点阈"的研究,实验时不让被试看见,拿两个比较尖锐的东西同时刺激被试的皮肤,如果两个刺激不达到一定距离,被试会报告这是一个刺激,可见,被试对两个刺激进行了感觉融合。味觉的融合现象也存在,将不同的滋味混合在一起就会产生新的味道,因此人们做菜时会放不同的佐料,这样由不同味道混合所产生的新味道要比单一的味道更使人有胃口,比如,现在年轻人比较喜欢吃的"麻辣烫",你让他(她)说出来是什么味道,他(她)肯定说不出来,因为这就是一种味觉的融合。这种由感觉融合所带来的新感受,在社会生活中也是普遍存在的,而且更容易被年轻人所青睐,比如,在穿着、化妆、室内设计上都追求一种"混搭"的效果。另外,像音乐创作、影视剧拍摄、娱乐演出等也都是在走"混搭"的路线,姑且不论其给人的感受如何,但至少其更有市场。其实,人生未尝不是一个感觉融合体,无论是感觉幸福还是不幸,都不是用一种感受可以概括的,幸福的味道不都是甜蜜,不幸的滋味也不都是悲伤,个中滋味也许没有人能说得清楚。

感觉的相互作用。感觉器官之间可以相互作用,一种感觉器官的感受性由于其他感觉器官的作用而发生变化的现象就是感觉的相互作用。这种相互作用可以在各种感觉之间存在,比如当人突然听到一声尖叫或某种尖锐的声音,会产生冷的感觉,这是听觉和温度觉的相互作用;当人听低音时,会产生深颜色的感觉,听高音会产生浅颜色的感觉,这是听觉与颜色视觉的相互作用;吃饭时,菜品的颜色和气味,会影响到人的胃口,这是视觉、嗅觉和味觉的相互作用;当人牙疼时,咬紧嘴唇或握紧拳头似乎可以减轻疼痛感,这是痛觉与皮肤触觉的相互作用等等。感觉间相互作用的一般规律是:一种感觉器官的弱刺激能提高另一种感觉器官的感受性;一种感觉器官的强刺激能降低另一种感觉器官的感受性。日常生活中,人们正是利用了这种规律来提高或降低人的某种感受性。比如,在布置画展的展厅时,经常会安排比较柔和的灯光和舒缓的音乐,因为弱的灯光和声音刺激可以提高人的颜色感受性;在餐饮上,高档的饭店往往有优美的音乐作为背景,在房间装饰上多采用暖色调而不是冷色调,因为轻柔的音乐和温暖的颜色可以提高人的味觉感受性;在医院、心理咨询、监狱等场所,房间装饰更多采用素雅的浅颜色,因为这种色调可以降低人的紧张感和焦虑感。另外,像工业设计、建筑设计、产品设计、服装设计、美术设计等各领域都要考虑到感觉间的相互作用,以使设计给人带来美好的感受,否则就会导致设计的失败。

　　感受性不仅可以随刺激条件的变化而暂时得到提高或降低,而且能够在长期的实践活动中得到稳定的改善和发展。这种改善和发展主要是指感受性的提高,使人在某种感觉上具有超出常人的感觉能力。比如,长期从事印染的工人能区分40多种黑色,表现出超强的颜色区分能力;熟练的炼钢工人能根据炉火的颜色准确地判断炉温的度数,表现出在炉火颜色与炉温度数之间的敏锐观察能力;高级品茶员仅仅根据一小口茶就可以说出茶的名称、产地甚至采摘的时间,表现出非凡的味觉感受能力。现实生活中,各行各业当中这样的奇人异事还有很多,最为人们所熟知的是海伦·凯勒的故事。海伦·凯勒出生在美国,她在很小的时候因病导致双目失明和双耳失聪,但却凭借顽强的毅力使自己的嗅觉和触觉的潜能得以开发和利用,她可以根据气味对人进行识别,用触觉进行学习和写作,并能利用手指的敲击感与人沟通与交流。就是依靠这些非主要的感觉能力,海伦·凯勒成为美国乃至世界知名的作家、教育家和社会活动家,成就了其非凡的一生。这个故事告诉我们,人的各种感官都具有极大的发展潜能,当一种感官的能力丧失了,可以通过其他感官的能力得以补偿,当然,要实现这种补偿必须付出长期的艰辛和努力,否则,任何一种感官的潜能也不会自动变为现实。可见,对于正常的常人来说,要想使自己的感官潜能得到改善和发展,就必须让自己的某种感官在实践活动中得以运用,并长期坚持,这是感受性得到改善和发展的关键及保证。

感觉形式:感觉的种类

如果问你人有几种感觉,我们可能会极其自然地回答是五种,因为人有五种感官,所以就有五种感觉。其实,人的感觉不止五种,我们所认为的五种感觉,即视觉、听觉、嗅觉、味觉、皮肤觉这些都是人的外部感觉,因为这些感觉的感官都位于身体表面,接受外部刺激,反映外部事物的信息,因此也是人的最主要感觉。除了这些外部感觉外,人还有内部感觉,即感受器位于身体内部,反映身体内部信息,包括运动感觉、平衡感觉和内脏感觉等。

人的外部感觉中,视觉是最重要的,人从外界所获取的信息80%以上是由视觉来完成的。视觉的器官是人的眼睛,通过眼睛从外界接受光刺激,并将这种由光刺激所产生的神经冲动传递到大脑枕叶中的视觉中枢,经过视觉中枢的分析,使人产生了颜色、形状、大小等反映事物属性的各种视觉反映。要想产生视觉,必须有光刺激,但不是所有的光刺激都能引起人的视觉,能够使人产生视觉的光被称作可见光,其波长在380~780纳米之间,低于380纳米波长的光称作红外线,高于780纳米波长的光称为紫外线,这些光人虽然看不见,但却被广泛用在军事、电子、医疗等领域,为人类提供多种服务。在视觉中,颜色视觉是非常重要的,我们之所以能看到五光十色的世界,就是因为我们可以产生不同的颜色视觉反映。颜色体验分为三个维度:色调、明度和饱和度,颜色视觉就是这三种属性共同作用的结果。色调即人所看到的是哪种颜色,取决于光的波长,无论是发光体还是不能发光物体,在发射的光和反射的光中,哪种光的波长占优势,我们就看到哪种颜色;明度即人所看到的颜色的明暗程度,取决于照明的强度和物体的反射系数,光源的照度越大,物体表面的反射率越高,物体看上去就越亮;饱和度即人所看到的颜色的纯杂程度,取决于光线中占优势波长的比例,优势波长比例越高,颜色的饱和度越高,颜色就越纯正。在颜色视觉中,有些人存在色觉缺陷,主要包括色弱和色盲。色弱患者可以区分光谱上的各种颜色,但颜色的感觉阈限高,感受性低。色盲分为全色盲和部分色盲。部分色盲分为红—绿色盲和黄—蓝色盲,红—绿色盲较为常见,患者不能区分红色和绿色,会把光谱上的红、橙、黄绿部分看成黄色,把青、蓝、紫部分看成蓝色,而黄—绿色盲的世界里只有红、绿两种颜色。全色盲不能感知到彩色,他们的世界只有灰色和白色。色觉缺陷的存在,给患者的生活带来了很多不便,但人们通过对色觉缺陷规律的把握,在公共设施的设置上充分考虑到这一事实,从而避免由于色觉缺陷给人们生活所造成的困难。色觉缺陷大多都是由遗传造成的。在视觉中,视觉后像也是一种有意思的视觉现象。当外界物体的视觉刺激作用停止后,在视网膜上的影像感觉并不会立即消失,这种视觉现象就叫视觉后像。视觉后像分为正后像和负后像,正后像的品质与刺激物相同,负后像的品质与刺激物相反。比如,当我们注视太阳或灯光之后,闭上眼睛,眼前会出现太阳或灯的一个光亮形象,位于黑色背景之上,这是正后像;一会光亮的形象变为黑色的形象出现在光亮的背景上,这就是负后像。颜色视觉也有后像,一般为负后像,其规律是朝刺激物的补色变化,比如注视一朵绿花之后,产生的负后像为红花,注视黄花之后的负后像就是蓝花。由于视觉后像的存在,有时人们会利用它为生活和工作服务,有时也要注意消除其影响,以免给生活和工作带来不便。

听觉是另一种重要的外部感觉。听觉是由物体振动压缩空气所产生的声波作用于人的耳朵而产生的,其中枢位于大脑的两侧颞叶内。声波的物理性质包括频率、振幅和波形,这些物理特性决定了听觉的基本特性:音调、音响和音色。频率指发声物体每秒振动的次数,单位为赫兹(Hz),声音的频率不同,音调的高低就不同,生活中男性的音调不如女性和儿童的音调高,就是因为男性的声音频率低,而女性和儿童的声音频率高。人耳所能接受的声音频率为16Hz～20000Hz,低于16Hz的声音频率叫次声,高于20000Hz的声音频率叫超声,它们都是人耳所不能接受的。振幅是指振动物体偏离起始位置的大小,振幅越大,声音听起来就越响,振幅越低,声音听起来就越弱。声音的强度用分贝(dB)来表示。音色是指声音的纯度,取决于声波的波形,由正弦波得到的声音叫纯音,比如音叉发出的声音,日常生活中我们所听到的声音大多是由多种波形混合而成的复合音。根据声音振动是否有周期性,将声音分为乐音和噪音,乐音是周期性的声波振动,噪音是不规则的、无周期性的声波振动。人们通过听觉实现与别人的言语交流,可以欣赏音乐以陶冶性情,缓解心理压力,还可以实现空间定位,以及对一些危险性信号做出反应,可见,听觉在有机体的适应性行为中具有重要的作用。

除视觉和听觉外,外部感觉还有嗅觉、味觉和皮肤觉。嗅觉是由物体的气味作用于鼻腔黏膜中的嗅细胞产生的感觉。嗅觉可以帮助人们认识各种气味,气味不同,带给人的感受就不同,从而影响人们的行为。比如,人们都喜欢到大自然去体验花草及泥土的芬芳,而远离对人体有害的刺激性气味的污染环境。动物可以根据气味调节生存行为及繁衍后代,人类个体在很小的时候就对母亲的气味情有独钟,这些都是进化机制对嗅觉的选择和保留。现代社会,很多领域都利用嗅觉来为人的社会实践服务。味觉是由溶于水的化学物质作用于舌头上的味蕾而产生的感觉,人的基本味觉包括酸、甜、苦、咸四种,舌尖对甜最敏感,舌中对咸最敏感,舌两侧对酸最敏感,舌后对苦最敏感。生活中我们所品尝的味道往往不是单一的,而是混合的味道。不同的味道会带给人不同的主观感受,因此小孩都喜欢甜的东西,而不喜欢酸和苦的东西,但从小就让他(她)品尝过各种味道,对于其以后的健康饮食行为会有积极的影响。在人类文明的发展进程中,对于味道的追求和传承已经成为一种传统和文化。皮肤觉是刺激物作用于皮肤表面的感受器而产生的包括触觉、压觉、冷觉、温觉、痛觉等多种感觉。皮肤觉使人认识了物体的软、硬、冷、暖、粗、细、轻、重等特性。同时像触觉还可以辅助人的视觉,认识物体的大小和形状,当视觉、听觉损伤的情况下,触觉具有补偿作用;痛觉为人提供危险信号,帮助人躲避危险。

外部感觉为人提供了身体的外部信息,内部感觉就为人提供身体的内部信息。正是在这两种内外信息的配合基础上,人才实现了对自身行为的调节和控制,达到对环境的适应。运动觉是反映身体运动和位置的感觉,其感受器位于人体各部位的肌肉、肌腱和关节中,当人进行各种动作以及身体姿势发生变化时,运动觉就产生了。运动觉是完成基本行为动作、从事生产劳动、进行体育运动、形成复杂技能等的重要生理基础。平衡觉是对身体平衡状态和头部位置定向的感觉,对人身体平衡状态的判断和保持,实现空间定位具有重要作用,其感受器位于耳内半规管的毛细胞和前庭器官。当人身体失去平衡,或进行旋转和加速运动时,人就会感觉眩晕和恶心。内脏感觉又称机体觉,其感受器位于人体各脏器的内壁上,内脏感觉能反映内脏各器官的活动状况,如饥渴、饱胀、恶心、便意、疼痛等感觉。

　　人的这些感觉,正常情况下应该是一种统和状态,所谓的感觉统合是指大脑对各感觉器官输入的感觉信息组织加工、综合处理的过程。人只有在这种状态下,才能对各种感觉信息进行综合分析并加以利用,实现对行为的调节和控制。而在实际生活中却有很多儿童无法实现这种感觉统合,而表现出一种感觉统合失调症状,它是指外部进入大脑的各种感觉刺激信息不能在中枢神经系统内形成有效的组合,使机体不能和谐运作而产生的一种缺陷。感觉统合失调会使机体不能和谐运作,认知能力与适应能力削弱,学习或工作效率低下,时间久了形成各种障碍,影响身心健康。感觉统合失调一般包括视觉、听觉、触觉、平衡觉和本体感觉统合失调。感觉统合失调产生的原因,除和孕期的不良刺激和非正常生产有关外,最主要的原因是孩子出生后缺乏运动、缺少游戏活动、缺少与自然的亲近,这在当今中国独生子女的身上表现尤为明显。这不仅应该引起广大家长警惕,更是值得反思与深思的问题。

第四章

知 觉

什么是知觉

通过感觉,人得以反映事物的个别属性,开启了认识之旅,同时这也是人心理活动的开始。虽然人对事物的认识是从感觉开始的,但在日常生活中,对于一个心理正常的人来说,人们绝对不是只反映到事物的孤立属性,即反映到一些零散的光点、孤立的色彩、单调的线条等,人们所反映到的都是由这些属性所构成的一个个事物整体,并在反映的基础上对事物进行分类,加以命名,比如看到了一个红色的苹果,听到了一段悠扬的笛声,闻到了一股芬芳的玫瑰花香等。这里所提到的苹果、笛声、玫瑰花香都是由多种属性所构成的一个事物整体,这些属性不是孤立地存在,而是依托于不同的具体事物而存在,因此,人在反映时也不是单独反映这些个别属性,而是把这些个别属性作为事物的一个方面与整个物体一起进行反映。人在认识世界的过程中,不仅了解了各种属性与事物之间的关系,而且了解了不同事物内部各种属性之间的关系,并在此基础上实现对事物的整体反映。心理学上,就把这种人脑对直接作用于感觉器官的客观事物整体属性的反映称作知觉。

知觉同感觉一样,都是由客观事物直接作用于感觉器官产生的,都具有直接性和即时性,客观刺激消失了,感觉和知觉就都停止了。感觉是知觉的基础,但知觉不是感觉的简单相加,人在进行知觉反映时,是按一定的方式来整合个别的感觉信息,使这些信息形成一定的结构,并根据个体的已有经验来解释由感觉提供的信息,这种知觉加工过程要比个别感觉的简单相加复杂得多。因为,在现实世界中,不同的事物可能具有相同的属性,如果按照感觉的简单相加原理,只要人所感觉到的个别属性相同,那么人所反映到的具体事物就相同。这明显与事实不符,人在获取了相同的属性之后,会对其进行不同的加工,因此产生不同的知觉反映。知觉的过程包括觉察、分辨和确认三个环节,觉察是指意识到事物的存在,而不知道它是什么;分辨是把一个事物或其属性与另一个事物或其属性区别开;确认是指人利用已有的知识经验和当前获得的信息,确定知觉的对象是什么,给它命名,并将其纳入到一定的范畴。知觉的这三个环节有不同的阈限值,觉察一个物体比较容易,确认一个物体比较困难。例如,日常生活中,人们随时随地都可以觉察到周围的很多事物,并可以实现初步的分辨,但对于某些陌生的事物,尽管获取了它丰富的感觉信息,但由于缺乏对其相关的知识经验,人们就不知道该如何整合这些感觉信息,因此无法实现对其确认。

知觉的加工方式分两种,一种是自下而上的加工或叫数据驱动加工,即知觉依赖于直接作用于感官的刺激物特性,通过对这些特性的加工来知觉事物;一种是自上而下的加工或叫概念驱动加工,即人更多的是依赖对所知觉到的事物的相关知识经验的加工来知觉事物,这些经验包括人对事物的需要、兴趣、期待及预先准备状态等。日常生活中,知觉事物的客观情境不同,人们的加工方式就不同,一般来说,非感觉信息越多,所需要的感觉信息就越少,因而自上而下的加工占优势;非感觉信息越少,所需要的感觉信息就越多,因而自下而上的加工占优势。就拿教学活动来说,如果教师所讲授的内容,对学生来说是比较熟悉的,与其相关的知识经验比较多,那么即使教师讲得很简略或是讲得不清楚,学生也能够理解;同理,如果学生对教师所讲内容一无所知,但是教师讲解非常透彻清楚,提供了丰富的感觉信息,学生同样能够理解。正是由于知觉具有这样两种加工方式,才保证了人们在任何时候和情境中都能实现对事物的完整知觉。

虽然感觉和知觉同属于对现实的感性认识,都属于人的认识过程的初级形式,但二者既有不同又有联系。感觉反映事物的个别属性,知觉反映事物的整体属性;感觉是单一分析器活动的结果,知觉是多种分析器协同活动的结果;感觉的产生主要依赖于感官的生理特点,知觉的产生除了和感官的生理特点有关外,更多受到个体已有知识经验和主观态度等心理因素的影响。正因为这些不同,知觉是比感觉更高级的认识阶段。感觉是知觉的基础,没有感觉就不会产生知觉,人刚出生的时候,必定是先产生感觉,通过感觉认识了事物的各种属性,并以此为经验产生知觉反映。尽管对于成人世界来说,单纯的感觉几乎不存在,从感觉很快就过渡到知觉,但无论这个过程多么快,人对事物的反映也必须是先从感觉开始,然后才过渡到知觉,这个过程是绝对不能省略的。知觉是感觉的深入,人对事物的个别属性反映的越丰富、越精确,对该事物的知觉就越完整、越正确。

知觉表现:知觉的特性

知觉作为感性认识的高级阶段,是通过其所具有的特性体现出来,知觉的特性主要包括以下几个方面。

知觉的选择性。知觉的选择性是指从多种刺激中选择一种或几种作为知觉对象的选择性活动。人生活在环境当中,每时每刻都有很多刺激同时作用于人的不同感官,这些刺激对于人来说有些是有意义的,有些是无意义的,有些甚至会干扰人当前正在进行的活动,因此,人要想在环境中正常生存,就必须能够对这些同时起作用的刺激进行选择,即选出对人有意义的刺激,排除无意义刺激的干扰。那些被选中的刺激称作知觉的对象,没有被选中的刺激称作知觉的背景。知觉对象会得到进一步的心理加工,因此它会显得更加清晰和有意义,好像突出在背景之前;知觉背景由于没有得到进一步的心理加工,因此显得模糊,好像退到对象之后,只起到陪衬作用。

知觉的对象与背景之间是互相依赖的关系。首先,对象不能脱离背景而孤立地存在,并受背景的影响。任何刺激要想成为有意义的知觉对象,必定是在某种背景衬托之下实现的,因为任何事物都不能脱离环境而孤立地存在,人选择了某种知觉对象的同时,也就确定了其所处的背景。在不同的背景下,人们对同一对象的知觉可能是不同的。例如,在课堂上,如果学生们都保持安静,认真听讲,即使教师的声音很低,学生也能听得清楚;如果学生们很嘈杂,听课不认真,同样的教师声音,学生就会听不清。学生是否听得清,不是教师声音的高低问题,而是背景环境的作用。因此,人的知觉是由对象及其背景的相互关系来决定。其次,对象与背景的关系是相对的,可以实现互换。一定条件下的对象可以成为背景,背景也可以成为对象。例如,下面的两幅图就显示了对象与背景的转换关系。

图4-1 花瓶与人脸

图4-2 少女与老妇

　　图4-1中,你会看到什么? 你会回答说看到了一个白色的花瓶和一对相向的黑色人脸,答案是正确的。看到白色的花瓶是把白色部分当作了知觉对象,黑色当作了知觉背景;看到黑色人脸是把黑色部分当作知觉对象,白色部分当作知觉背景。

　　图4-2中,你又会看到什么呢? 你可能会回答说既像一个少女又像一个老妇,答案也是正确的。如果你首先注视到黑色卷发下边的白色面庞,而把其他部分当作背景,你就会看到一张俊俏美丽的少女侧脸;如果你首先注视到画面中央的白色部分,并把少女的脸看作鼻子,把少女的耳朵看作眼睛,把少女的脖子看作嘴和下巴,你将看到一个可怕丑陋的老妇。再次,知觉对象和背景的关系,不仅存在于空间的刺激组合中,而且存在于刺激的时间系列中。很多情况下,对一个物体的知觉,往往受到前后相继出现的物体的影响,发生在前面的知觉会直接影响到后来的知觉,产生了对后继知觉的准备状态,这种现象叫知觉定势。例如,在图4-3中,如果你对图中的上半部分从 a 看到 d,你将会知觉到这是一张人脸的渐变图,因此会把 d 的画面优先知觉为人脸;如果你对图中的下半部分从 e 看到 h,你将会知觉到这是一个女人的渐变图,因此把 h 的画面优先知觉为女人。对于相同的 d、h 画面,会有不同的知觉,原因就在于对先前不同画面的知觉产生了知觉

定势的缘故。

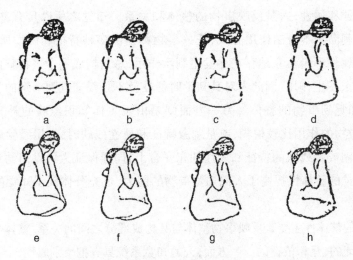

a   b   c   d

e   f   g   h

图 4 - 3　知觉定势

　　依据知觉选择性当中对象与背景的变化规律,在社会实践中,可以根据活动的要求来人为地增强或减弱知觉的选择性。例如,登山运动员所穿的鲜艳服装,是为了增强知觉的选择性,野战士兵所穿的迷彩服,是为了减弱知觉的选择性。许多具有警示或信号作用的设施,在图案、色彩、造型等方面都充分考虑和利用了知觉的选择性规律。在教学活动中,教师的授课内容安排、讲课声音、板书设计、作业批改等,都要注意通过颜色、形状、声音强度等来扩大对象与背景的差别,并充分发挥知觉定势的积极作用,避免产生消极影响。

　　知觉的选择性受很多因素影响,既与刺激物本身特点的客观因素有关,又与知觉者本身的主观因素有关。一般来说,与周围刺激物对比鲜明的事物容易被知觉为对象,比如"鹤立鸡群";静止背景上运动的刺激物易被知觉为对象,比如划过夜晚天空的流星;新颖的刺激物易被知觉为对象,比如课堂上老师生动的例子讲解。知觉者的需要与动机、兴趣与爱好、活动的目的与态度、当时的情绪状态以及相关的知识经验等都可以成为知觉对象从背景中分离出来的主观条件。例如,在商品琳琅满目的商场中,你会优先知觉到自己想要买的商品;在浏览网页时,你会率先知觉到自己感兴趣的新闻。

　　知觉的整体性。知觉的整体性是指在知觉过程中,不是孤立地反映刺激物的个别特征和属性,而是反映事物的整体和关系。知觉之所以具有整体性,一方面来自刺激物本身的作用方式,任一事物都是由多种特征和属性所构成,这些特征和属性不是孤立地存在并发生刺激作用,总是构成一个事物整体以复合的刺激物来发生作用,因此人对其知觉时往往就不是仅知觉到个别的特征和属性,而是知觉到事物的整体。另一方面则是由于主体知识经验的补充联合作用,当刺激物的作用比较模糊,或是刺激特征和属性残缺时,知识经验就会将那些刺激模糊或是残缺的特征和属性补充联合上,同样保证人可以知觉到事物的整体。知觉的整体性提高了人们知觉事物的能力,也充分体现了知觉的积极性和主动性。

　　知觉的整体性主要是反映事物整体与其构成部分之间的关系,整体与部分的关系是辩证的、互相依存的。一方面,人的知觉系统具有把个别属性、个别部分综合成为整体的能力。例如在图4-4中,人会知觉到一个三角形,而不是三个孤立的黑点,尽管在三个黑点之间并没有线段相连,但人的知觉系统具有将其综合起来并实现整体反映的能力。另一方面,有时对个别成分的知觉又依赖于事物的整体。例如在图4-5中,人们会把中间相同的刺激图形分别知觉为字母B和数字13,原因就在于当其处于不同的整体系列中,人所知觉到的刺激意义就不同,体现出部分对整体的依赖。

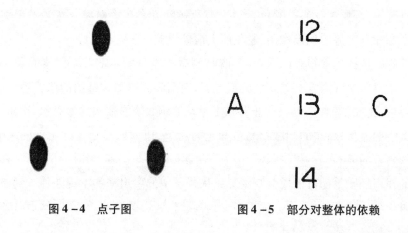

图4-4　点子图　　　　　　　　　图4-5　部分对整体的依赖

影响知觉整体性的因素,一方面来自知觉对象本身的特点。当知觉对象在时间、空间上接近时,易被知觉为整体,例如在图4-6中,对图中的前半部分,人们往往知觉到四列黑点,每列五个;对图中的后半部分,人们往往知觉到四行黑点,每行五个,这是因为前半部分的行间距小于列间距,后半部分的列间距小于行间距,人们是按照接近原则来知觉的。当知觉对象在颜色、大小和形状等物理属性上相似时,易被知觉为整体,例如在图4-7中,人们会知觉到黑色的原点被包围在小叉子中间,图形明显被分成了两部分。当知觉对象具有连续性时,易被知觉为整体,不管这种连续是客观的连续还是主观的心理连续,例如在图4-8中,人们很自然地知觉到是一根直线穿过一根曲线,而不会将其知觉为一个上下起伏的波浪线,原因就在于直线和曲线都具有良好的连续性。当知觉对象具有闭合及较大的组合趋势时,易被知觉为整体,例如在图4-9中,人们知觉到的是一只猫头鹰,而不是一些杂乱的线条,虽然这些线条并没有封闭,但它们具有闭合的趋势,所以人们会将其当作整体来知觉。另一方面来自主体知识经验的作用。当主体对刺激物有较多的知识经验时,人就会将刺激物与知识经验相联系,发挥其补充联合的作用,从而实现对刺激的整体知觉。

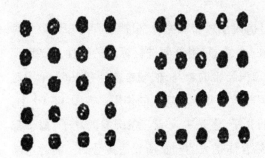

图4-6 接近性原则

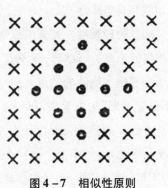

图4-7 相似性原则

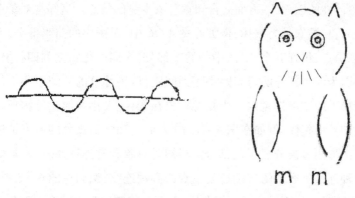

图4-8 连续性原则　　　　　　　图4-9 闭合性原则

知觉整体性的规律,在实践中得到了很好的利用,比如在绘画、艺术设计、服装设计、建筑设计及室内装潢上都广泛利用了知觉的以上原则。在教学活动中,也可以充分利用知觉的整体性规律来提高教学效果,比如在教学过程中,教师可以将视、听等多种刺激在时间和空间上组成有机的系统,使学生形成整体的知觉。在教学内容的安排上,应注意前后内容的紧密结合和相互连贯,保证学生对知识的知觉具有整体性。

知觉的理解性。知觉的理解性是指人在感知事物时,根据已有的知识经验对所获得的信息进行解释,赋予其一定的意义,并用语词进行标志的特性。要想理解所知觉到事物的确定意义,必然有知识经验的参与,伯瑞希曾经在1968年用对"不可能图形"的知觉来说明人的知识经验在知觉理解中的作用。在图4-10中,你会看到什么? 是一个有两条方腿的凳子,还是一个有三条圆腿的凳子,似乎都是又似乎都不是,反正这样一个矛盾结合体是人的知觉所无法接受的。面对这样的"不可能图形"时,由于眼睛接受了矛盾的信息,这些矛盾的信息和头脑中的知识经验是矛盾的,因而人就不能用已有的知识经验去理解和解释,这说明了人的知识经验在知觉理解中是发挥作用的,否则,就应该是当前的刺激是什么,人就知觉到什么,而不会产生矛盾。

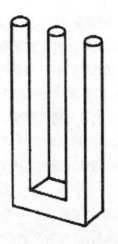

图4-10　不可能图形

　　知觉的理解性可以看成是知觉过程的"假设检验"过程。在这个过程中,人们根据知觉对象提供的线索,提出假设,检验假设,最后做出合理的解释。例如对图4-11进行知觉时,就可以按照"假设检验"的过程来知觉出具体的事物。这张图乍一看,就是一些杂乱无章的黑白相间的图案,根本看不出有什么具体的事物。这时我们可以根据图片所提供的信息并结合自己的知识经验进行假设,比如将其假设为冬天雪后的一个野外场景,那么在这样的季节和场景中会有什么经常出来活动呢? 那一定是动物了,检验至此,你就有可能知觉出画面中间有一只正在觅食的狗。

图4-11　隐匿图形

知觉的理解性可以帮助人们把知觉对象从背景当中分离出来,尤其是当知觉刺激比较模糊或是信息不足时,正是知觉的理解帮助人们将知觉对象与背景实现区分。知觉的理解还有助于知觉的整体性,一般情况下,人对自己理解和熟悉的东西,容易当成一个整体来感知,在不理解得情况下,知觉得整体性经常受到破坏。同时,知觉的理解还能使人产生知觉期待和预测,在这种知觉期待和预测下,可以使人对某些模糊的或是丢失部分信息的刺激同样实现正确的知觉。这说明人们已有的知识结构在当前的感知中起着重要的作用,当前的环境激活的知识结构不同,产生的知觉期待也不同。

知觉的理解性首先受个体知识经验的丰富与否影响。个体的知识经验越丰富,对知觉到的事物就理解得越深刻,进而对事物知觉得也就越精确和完整。例如,面对同样一幅绘画作品,儿童与成人的知觉就会不一样,成人会有比儿童更深刻的理解和知觉,原因就在于知识经验的多与少。其次,言语的指导作用也影响到知觉的理解性。通过言语能唤起个体头脑中相关的知识经验,然后就可以利用这些知识经验去感知事物的意义,从而帮助人们实现对事物的快速和完整的知觉。例如,当我们抬头看蓝天上的朵朵白云时,你可能会感觉他们像各种动物,但是别人不一定有此感知,此时,如果你对他进行言语描述,在你的言语帮助下,他很快也会知觉到相同的动物。另外,个体对知觉对象的态度以及情绪状态,也会影响知觉的理解性。知觉事物时,态度积极就会使人加深对事物的理解,因此知觉也就会清晰和完善。

知觉的恒常性。知觉的恒常性是指当知觉的条件发生改变时,人对事物的知觉映像在一定程度上保持稳定不变的特性。客观世界总处在不断变化之中,人们对同一事物的知觉会在不同的条件下来进行,比如不同的方位、距离和照明等,当知觉条件改变时,事物为人们提供的刺激信息也会发生变化,包括形状、大小、亮度、颜色等都会有所不同,但是,人对事物的知觉往往并不受这些条件的影响,保持知觉映像的相对稳定性。在人的知觉中,视知觉的恒常性表现比较明显,包括形状恒常、大小恒常、颜色恒常。

形状恒常是指当人从不同角度观察同一物体时,并不会因为物体在视网膜上的投射形状发生变化,而知觉到物体的形状也发生变化,而是保持形状的相对恒常。例如,把一本书立在桌子上,我们可以从不同角度去观察这本书,这时随着观察角度的不同,书在我们视网膜上的投射形状也就不同,但是我们并没有感觉书的形状发生了变化,书的形状在我们的知觉经验中一直都保持不变。大小恒常是指人从不同距离观察同一物体时,人对物体大小的知觉并不会因为视网膜上物体视像的大小变化而变化,而保持大小的相对恒常。人对物体大小的判断,主要是依赖物体在视网膜上的投影大小来进行,即投影大,物体就大,投影小,物体就小。但是,如果仅仅据此来判断物体大小,有时就会发生错误,因为物体在视网膜上视像的大小还与距离有关系,距离远,视像小,距离近,视像大,这就会出现一个离我们距离远的大物体的视像可能小于一个离我们距离近的小物体的视像,如果此时还是根据视像大小来判断物体大小,就会判断错误。因此,日常生活中,人不会单纯依靠视像大小来判断物体大小,而是和距离紧密结合来进行,从而保持对物体的大小恒常。例如,当一个人从我们的面前向远处走去时,其在我们视网膜上的视像会变得越来越小,但我们并没有感觉其变得越来越小,而是感觉他还是那样的高,原因就是我们从距离上进行了补偿。颜色恒常是指物体在不同的光照下,其颜色并不受照明条件的严重影响,而保持颜色的相对恒常。例如,红旗在白天和晚上,我们都觉得它是红色的;煤块在太阳光和月光下,它都是黑色的;家里的家具在不同颜色灯光照射下,仍保持其原来的颜色。颜色恒常性一般发生在比较熟悉的物体上,对于不熟悉的物体,人对其颜色知觉就会受到照明条件的影响。很多时候,我们也不能完全相信颜色的恒常性,因为物体的表面颜色会受到色光照明的影响而发生细微变化,例如,商家总是喜欢用不同的色光来照射不同的商品,让商品呈现出光鲜亮丽的颜色,如果我们此时还是保持颜色恒常,可能就会将色光下的颜色误当作物体本来的颜色。

知觉恒常性的保持,主要受人们在日常生活中所建立起来的关于物体的知觉经验的影响。人们在实际生活中,建立了有关物体大小与距离、形状与观察角度、颜色与照明条件等联系,这些联系为人们知觉物体提供了多种视觉线索,正是由于这些视觉线索的存在,人才能在知觉条件发生改变时,保持对物体的知觉恒常性。如果将这些视觉线索消除掉,知觉的恒常性就会受到破坏。例如在图 4 - 12中,走廊远处的人和右下角的人是同一个人,但是当他在走廊远处时,我们并没有感觉他比近处戴着帽子,叼着烟斗的人小多少,而当他在右下角时,我们就会感觉他比近处戴着帽子,叼着烟斗的人小了很多,原因就是前一种情况有距离线索存在,而后一种情况不存在距离线索。

图4-12 知觉恒常性的视觉线索

知觉的恒常性对于人类的生存和发展具有重要的意义,正是由于有了知觉的恒常性,人才能在不断变化的环境中保持对事物的知觉稳定,从而在脑中建立起相对稳定的知识,进而实现对环境的有效适应。这既是一种稳定的知觉特性,也是人类的一种高级知觉能力。

认识世界:物体知觉

人对世界的认识是从认识事物开始的,各种各样的事物构成了人们周围的客观世界,这些事物存在于一定的空间当中,有自己的开始和结束,并总是处于某种运动状态当中,人们对于事物这些空间、时间和运动属性的知觉,被统称为物体知觉。

　　空间知觉。任何事物都存在于一定的空间当中,拥有一些重要的空间属性,主要包括形状、大小、距离、深度、方位等,人们正是通过对这些空间属性的知觉,才感知到了三维世界,并实现在其内部的生存和发展。对于这些空间属性的知觉,绝非是由单纯的视觉或听觉来完成的,而是由视觉、听觉、触觉、运动觉等多种知觉协同实现的,其中,视觉发挥着更大的作用。视觉为人知觉物体的空间属性提供了多种线索,在这些线索的作用下,产生了各种各样的空间知觉。第一种线索被称为生理线索,主要是依赖于眼球的构造及其运动方式来实现对物体空间属性的知觉。知觉物体的形状,首先要通过视觉找到物体的轮廓,轮廓代表了图形及其背景的一个分界面,通过轮廓将图形从背景中分离出来,因此对于形状的知觉,找到轮廓非常重要,不管是物体本身就具有清晰的轮廓还是人在知觉过程中形成的主观轮廓,只要找到了轮廓,形状也就产生了。例如,图4-13中,由于客观轮廓清晰,我们看到了一只睡觉的小猫,图4-14中,虽然不具有客观轮廓,但在一些条件的作用下,我们可以建立起主观轮廓,同样可以知觉到各种形状。当图形刺激长时间作用于人时,人仍能保持清晰的知觉,和眼睛的微跳有关,这是保证人获得稳定清晰视觉图像的眼动机制,同时又可以通过大的眼跳运动获得其他的图形刺激,进而产生另外的图形知觉。眼球中水晶体的曲度可以随着物体的远近不同进行调节,表现为看近处物体时,水晶体曲度变大;看远处物体时,水晶体曲度变小。同时,对于远近不同的物体,双眼视轴具有不同的辐合角度,表现为看近处物体时,辐合角大;看远处物体时,辐合角小。水晶体曲度的调节及双眼视轴的辐合都是在一种眼球肌肉——睫状肌的作用下实现的,睫状肌的收缩与舒张就为视觉中枢传递了物体的远近信息,因此是人产生距离和深度知觉的生理线索。第二种线索被称为单眼线索,也叫经验线索,就是人们利用生活中物体之间的各种关系及属性来知觉物体的距离。例如,两个物体相互遮挡,人们会知觉到遮挡物在近处,被遮挡物在远处,这被称为对象重叠;当物体表面具有一定的纹理梯度变化,人们会知觉到近处稀疏,远处稠密,这被称为纹理梯度;空气清新时,人们会感觉到远山似乎就在眼前,空气污浊时,人们会感觉近处的楼房远在天边,这被称为空气透视;相对于运动的物体来说,近处的物体位移距离大速度快,远处的物体位移距离小速度慢,这被称为运动视差或运动透视;另外还有线条透视、相对高度等,都是人们用来知觉物体距离和深度的单眼线索。生活中,在绘画、美术设计、艺术装饰、建筑等领域,人们广泛利用了这些单眼线索,来制造距离和深度效果,给人以艺术享受。第三种线索被称为双眼线索,即人们利用双眼所获得的视觉信息的差别来知觉物体的空间属性。当人们用双眼观察物体时,似乎感觉两只眼睛获得的信息是相同的,其实不然,两只眼睛所获得的信息是有一些细微差别的,这种差别被称为双眼视差,正是因为有了这些视差,人们才能感知到物体的三维空间特性,进而产生物体的立体知觉。

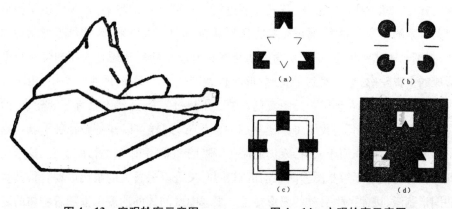

图4-13　客观轮廓示意图　　　图4-14　主观轮廓示意图

时间知觉。客观事物不仅存在于空间当中,而且存在于时间当中,表现为事物的开始和结束,从开始到结束是一个很长的时间系列,在这个时间系列过程中,事物发生着连续的、有顺序的变化,例如,一颗植物种子从落地发芽,到长成一棵参天大树,期间经历了一系列的变化,这些变化就体现了事物发展的时间进程。时间的存在不像空间一样,具有明显的客观空间属性,因此,人们不可能直接把握时间,只能够借助于客观事物的变化和实践活动的展开来把握时间,心理学上就把人们对于客观事物和事件的连续性和顺序性的知觉称为时间知觉。时间知觉具体表现为四种形式:一是对时间的分辨,即能够按照时间的先后顺序把从事的活动区分开,比如晚上入睡前把自己一天中所做的事情能够按时间的先后进行排列;二是对时间的确认,即对一个固定时间点的正确指认,比如你知道今天是何年何月何日;三是对时间的估量,即对已进行事件在时间持续上的判断,比如你知道现在读这本书已经多长时间了；四是对时间的预测，即对将要发生事件在时间上的预判，比如还需要多长时间我就把这本书读完了。

对于无形的时间进行知觉，人们主要采用以下依据：一是根据自然界的周期性变化来知觉时间，比如日出日落为一天、月圆月缺为一月、春夏秋冬的更替为一年，古时没有现代的计时工具，人们就是根据这些自然的周期性变化来知觉时间，并按其规律指导人们的生产实践活动。二是根据人体的一些节律性活动来知觉时间，人体的很多生理性活动都是有节律的，这些节律表现为周期性，比如从吃饱到感到饥饿的时间大致为 4～6 个小时、从觉醒到睡眠的时间周期为 24 小时，另外人的心率、脉搏等都是有节律的，人体的这些生理性节律活动被称为"生物钟"，人们正是凭借这些生物节律来知觉时间，并指导自己的生活。除了这些生理性的节律外，研究者还指出，人的智力、体力和情绪也都具有节律性，这些节律性表现为一个月当中，人的智力、体力和情绪有高峰期、低谷期和临界期的周期性变化，这些变化会使人具有不同的感受，并对人造成不同的影响，因此很多行业比较注重人的这三种节律性活动，并通过测定来科学安排员工的工作时间。三是根据现代化的计时工具来知觉时间，这些计时工具不仅能计量较大的时间单位，而且能够计量非常小的时间单位，实现了对时间的精确计量，这不仅使人对时间有了更加精确的知觉，同时对很多实践活动都有了更加精确的依据。

时间对于每个人来说都是公平的，它总在不停地流逝，但是在这种流逝过程中人们对时间的知觉却有着非常大的不同，体现了人们对于时间的知觉更多的是一种心理反应。导致人们对时间知觉具有不同反映的因素很多，包括人的情绪、兴趣、回忆、期待以及所从事的活动性质等。当情绪积极，兴趣浓厚时，人们感觉时间过得快，对持续的时间估计偏短，相反则感觉时间过得慢，对持续的时间估计偏长；回忆往事时，如果回忆的那段时间里生活内容丰富，就会感觉那段时间过得比较慢，持续时间比较长，如果回忆的那段时间里生活内容简单，就会感觉那段时间过得比较快，持续时间比较短；当人期待着某件事情时，会把事情到来之前的这段时间估计得偏长，过得偏慢，等车或是等人时都有这种感觉，因此好朋友相见时，常会说"一日不见，如隔三秋"，而人们不愿出现的事情，往往会感觉时间飞逝，眨眼就到眼前；当人们从事的活动比较复杂，数量多时，会把单位时间估计得偏短,过得偏快,反之则会估计偏长,过得偏慢。正是由于人们对于时间知觉上的这些心理差异,才导致人们对时间具有不同的看法和观念,有人总感觉时间匆匆,如果不抓紧利用,将会白白浪费掉,而有人就感觉时间无穷,因此没有必要和时间赛跑。想法和观念不同,人的行为就不同,最后表现为人生的不同。

运动知觉。存在于空间与时间当中的事物都不是绝对静止的,而是处于不断的运动当中,人们对于事物运动特性的知觉就是运动知觉,包括真动知觉和似动知觉。真动知觉是指客观事物按照一定速度进行着连续的位移,人们对于这种运动速度与位移的把握就是真动知觉。真动知觉的产生依赖于物体的运动速度或位移距离的大小,如果运动速度过快或位移距离过大,人们就不能产生真动知觉,比如人们用肉眼根本把握不了子弹的飞行轨迹;如果运动速度过慢或位移距离过小,人们同样产生不了真动知觉,比如人们看不到植物的生长过程或是手表时针的走动。这些真正的运动,人们之所以知觉不到,是因为这些运动要么超过了视觉的上限,要么是低于视觉的下限。

似动知觉并不是一种真的运动,而是在某种条件的作用下,人们在静止的事物间看到运动,因此它是一种假的运动,但在实际生活中,它和真的运动并没有什么区别,其实质是一种心理上的运动,即物未动而心在动。似动知觉主要表现为以下几种形式:一是动景运动,即当两个刺激物按一定的时间间隔和空间距离相继呈现时,人们会看到一个刺激物向另一个刺激物的连续运动。这种运动现象更多是通过实验室来进行演示,但它和真的运动没有区别,因此在实际生活中人们广泛利用了这种运动现象,比如放映电影时,人们能在静止的镜头间看到运动,其原理就是利用时间来控制镜头的播放数量,一般是每秒钟播放二十四个镜头,这时人们就看到了运动;再比如广告设计中流动的灯光,也是这种原理的应用。二是诱发运动,即由于一个物体的运动使相邻的一个静止物体产生运动的现象。比如,月亮对于人来说是相对静止的,而云是流动的,但人们往往知觉到的是月亮在云朵里穿梭,坐在前行的列车上会感觉车窗外的树木飞速地向后移动,其和古人诗里所说的"不疑行舫动,唯看远树来"一样都是一种诱发运动。三是自主运动,即在缺少参照物的情况下,使某种静止的刺激物产生运动的现象。比如,当人们长时间注视夜空中的某颗星星时,常会感觉其在不停地晃动,其原因就在于相对于广袤的夜空,失去了参照物的结果。四是运动后效,即当人们在注视一个朝某个方向运动的物体后,把注视点转向静止的物体,会感觉静止的物体似乎朝相反的方向运动。比如,当我们看过飞流直下的瀑布后,把目光转向周围的田野,就会感觉所看到的所有事物似乎都朝天上飞。

运动知觉的存在,对于人们的生存和发展具有非常重要的意义,人们通过对周围事物运动特性的把握,来调整自己的行为,以达到对环境的适应。

认识社会:社会知觉

物体知觉使人认识了世界,但是,这对于人的知觉来说是远远不够的,因为人作为一个社会性动物,必须生活在人群当中,经过社会化的过程。在这个过程中,人需要了解别人,认识自己,掌握人际互动,确认自身角色,心理学上把这些具有社会属性的知觉称为社会知觉,具体包括对别人的知觉、自我知觉、人际知觉和角色知觉。

对别人的知觉。这是个体在社会交往中,通过与别人的接触,形成的对别人的知觉。这种知觉主要包括两方面的内容:一是对别人外部特征的感知,如体态、仪表、言谈、举止、表情等,对这些外部特征的感知相对比较容易,只要和对方接触几次就会有一个大体的了解,但是这些信息还仅仅停留在表面,并不能代表对别人的真正了解和认识;二是对别人内心世界的了解,如需要、动机、兴趣、爱好、脾气秉性、性格、价值观等,对这些内部心理品质的了解相对比较困难,它需要和对方有长时间的接触和互动,才有可能实现对其的了解,俗语所讲的"日久见人心"就是这个道理,真正了解了一个人的内心,才算是对一个人有了真正的认识。对别人知觉的这两方面内容是相辅相成的,对外部特征的感知是起点和基础,一般情况下,只有对别人外部特征有了好感,人才会想了解其更多的内心品质;对别人内心世界的了解是发展和深入,它可以帮助人们把这两种知觉内容实现统一,保证人们对别人有一个完整统一的认识。

自我知觉。这是个体在生活实践中,对自己的行为和心理活动的知觉。人对自己的知觉并不是一开始就有的,它有一个发展过程。人刚来到世上,并不知道自己是一个和别人不同的独立个体，就连自己的身体器官是自己的都不清楚，更谈不上把自己与别人进行区分，此时人是没有自我知觉的。人开始认识自己，知道自己和别人不一样，是从自我意识的建立开始的，这大约出现在三岁左右，以掌握人称代词"我"作为标志。人有了自我意识之后，就开始把自己当作一个独立个体来进行自我审视，这种自我审视包括自我认识、自我评价、自我教育和自我完善，通过这样的一连串环节，使人不断地去认识和分析自我，并在分析评价的基础上，不断地进行自我教育，达到自我完善，最终实现自我的不断发展。人进行自我知觉时，往往表现出人性中的一个弱点，那就是容易看到自己的长处，而看不到自己的短处，从而导致对自己的认识不客观，因此，要想对自己有一个真实客观的认识，必须善于"以人为镜"，通过别人的眼睛来认识自己，只有这样人才能时刻保持对自己的清醒认识，而不至于迷失自己。人对自我的知觉有着非常重要的意义，因为自我知觉不同，人的态度和行为不同，最终导致人的生活道路和目标不同。

人际知觉。这是个体在生活实践活动中，对人与人之间相互关系，彼此作用的知觉。人生活在群体当中，必定要和别人接触，进行交流与沟通，建立起某种人际关系，对这种人际关系的了解和把握，是人作为一个社会性动物必须要完成的一门功课，这门功课完成的好不好，决定着自己的人际交往的成功与失败，直接影响着个体在社会生活中的生存和发展。人际知觉包括两方面的内容：一是对自己和别人的相互关系和作用的知觉，这主要体现为自己对和别人的人际距离有一个正确的把握，即知道自己和周围不同人的亲疏远近，而且这种知觉应该是客观的，而不是出于主观判断，只有这样才能把握好和不同人的交往尺度，而不至于引起交往过程中别人的反感或是自己的挫败感；二是对他人和他人的相互关系和作用的知觉，这主要体现为自己能够对周围人彼此间的关系有一个清晰的认识，这种认识可以帮助自己在人际交往中少犯错误或不犯错误，从而在人际交往中更加游刃有余。现代社会中，人的流动性非常大，导致人们会经常面临新的人际环境，需要建立新的人际交往关系，这就要求人们必须有很好的人际知觉能力，并在此基础上培养起较强的人际交往技能。良好的人际关系是一笔宝贵的社会财富，而这笔财富的获得，需要人的智慧，更需要人们之间的相互理解、宽容和尊重。

角色知觉。这是个体在生活实践活动中，对自己或别人的社会地位、身份及行为规范的知觉。我们每个人在生活中都扮演着某种角色,人与人之间的交往都是在某种角色的基础上来实现的,比如父母与子女、学生与老师、领导与下属、老板与职员等等,要想让这种交往能够顺利地进行,每个人对自己角色的知觉就显得尤为重要。因为,对于每一个角色来说,社会都赋予了其相应的社会地位及身份,并有一套行为规范对其进行约束,这就要求每个人时刻都要对自己所承担的角色有一个正确的知觉,然后根据情境来合适地表现角色行为,这样就能够使人际交往顺利地进行。相反,如果每个人都缺乏对自己角色的正确知觉,那么在交往中,就会不按角色的要求行事,从而引发人际冲突。承担什么样的社会角色,这是社会所规定好的,并不是可以由个人来任意选择的,因此,我们在承担某种角色时,重要的事情就是要把此时的角色扮演好,而不要总想着别人所扮演的角色,否则,就会出现角色错位,小品"主角与配角"就很好地说明了这个道理。人一生当中,在不同的时间要扮演不同的角色,而且在同一时间也要扮演不同的角色,这就要求人们对所扮演的不同角色应该有正确的知觉,把握好不同情境下正确的角色行为,避免出现角色冲突。人生就如一出戏,戏的成败与否,就在于在戏中你所扮演的角色是否成功。角色成功了,戏就成功了,人生就成功了;角色演砸了,戏就砸了,人生也就砸了。

没错的知觉:错觉

正常的情况下,人们对于外部世界的知觉反映都是正确的,即真实地反映了客观事物的特征与属性,但有些时候,人们会发现自己不能正确反映事物的特征与属性,即自己所反映到的事实与客观实际不符,人们此时会想,是客观事实本身就错了,还是自己的知觉反映错了? 实际上,这在人的知觉反映中是一种正常的知觉现象,客观事实本身没有错,人的知觉反映也没有错,这只不过是人们对客观事物的一种主观歪曲,心理学上把这种现象称作错觉。

错觉现象广泛地分布于人的各种知觉当中,比如,同样是一斤重的铁和棉花,人们会感觉铁比棉花要重,这是由物质的形态不同所导致的对于重量的错觉;同样面积的房间,用白色涂料粉刷墙壁就要比其他颜色粉刷显得更加宽敞明亮,这是由颜色的因素所引起的对于空间感的错觉;同样的饭菜,吃妈妈做的就要比吃别人做的更加美味可口,这是由感情因素所引起的对于味道的错觉;同样的衣服,爱人买回来的就要比别人买的穿在身上感觉更加贴身暖和,这是由爱情的因素所引发的对于触觉及温度觉的错觉。类似的现象还有很多,可见错觉很多时候就是一种主观的心理感受,它并不代表真实的客观存在。心理学研究中所发现的错觉,更多的是与视觉有关的几何图形错觉,这种错觉现象的产生,并不是知觉者在知觉时存在疏忽或是遗漏,而是每个人在一定的环境条件下,都有可能发生的一种正常知觉反映。在下面的图中(图4-15),人们可以看到各种几何图形错觉。图a称为缪勒-莱耶错觉,两条等长的线段在不同箭头方向的作用下,箭头朝外的线段似乎比箭头朝内的线段长;图b称为垂直-水平错觉,两条等长的线段,垂直的似乎比水平的要长一些;图c称为潘佐错觉,也叫铁轨错觉,两条等长的线段,处在铁轨上方的似乎要比处在铁轨下方的长;图d称为贾斯特罗错觉,两条等长的弧线图形,下面的似乎要比上面的长一些;图e称为多尔波也夫错觉,两个等大的圆,被小圆包围的似乎要比被大圆包围的大;图f称为佐尔拉错觉,一组平行线,每条线上加了方向不同的线段后,使原来的平行线显得不平行;图g称为爱因斯坦错觉,处在同心圆中的正方形,四边显得弯曲不直;图h称为波根多夫错觉,一根直线被一组平行线切断后,显得不在一条线上;图i称为螺旋错觉,图形看起来像一个螺旋,实际上是由一个个同心圆所组成。

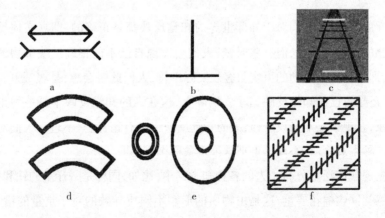

g   h   i

图 4 - 15　几何图形错觉示例

　　尽管错觉现象在日常生活中广泛地存在于人们的知觉当中,但对于其产生的原因,到目前为止心理学也不能给出完全的解释。即便如此,人们还是在不断地对错觉现象进行研究,并根据所获得的相关知识,来指导人们的社会实践活动。有时人们是利用了错觉的存在,比如在服装设计上,对于体型稍胖的人,人们会为其设计竖条花纹的服装,让其体型显得更加匀称,不再显得那么胖;而对于瘦高体型的人,则会选择横条花纹的设计,让其显得更加丰满一些。另外在建筑设计、产品包装、室内装潢、化妆等领域,错觉规律都得到了广泛的利用。有时人们会根据错觉产生的规律来消除由于错觉的存在可能给实践活动所带来的不利影响,比如空军的一个训练科目就是训练飞行员不要产生"倒飞"的现象,因为在海面上飞行时,水天一色,由于飞机的翻转而丢失方向,就很容易把海面当作天空而产生"倒飞"的现象,这种后果是不堪设想的。错觉现象的产生是多种因素综合作用的结果,人们不必因为错觉的存在而否认知觉的真实性,关键是认清它,并有效地利用它,因为,错觉是没错的知觉。

高级的知觉:观察

　　一般的知觉活动都是在刺激物的直接作用下而发生,对于知觉者来说事先并没有明确的知觉目的,因此对于事物的知觉更多的是停留在事物的表面特征上,并不能深入到事物的内部。而在实际生活中,很多时候要求人们对事物应该有更深入的知觉,从而获得关于事物更加深入的知识,这就要求人们使用一种高级的知觉——观察。观察是一种为感知特定对象而组织的有目的、有计划,必要时需要采用一定方法的高水平的知觉。观察的两个重要特征就是目的性与思维性,目的性的存在,会使人的知觉活动更有针对性和计划性,这样可以保证对事物全面和细致的知觉;思维性的存在,会使人的知觉活动不仅仅停留在事物的表面而变得更加深入,并能够把知觉到的信息进行整合,发现事物之间的关系。

观察对于人来说是一种非常重要的知觉活动,它是人们获得知识的一种重要手段,因此,历来都得到科学家的重视。俄国生理学家诺贝尔奖获得者巴甫洛夫的座右铭就是"观察、观察、再观察";英国著名生物学家达尔文也说过:"我既没有突出的理解力,也没有过人的机智,只有在觉察那些稍纵即逝的事物并对其精细的观察能力上,我可能在众人之上。"另外,观察也是发展思维的基础,只有通过对事物的观察,才有可能发现问题,从而引发人们的思考,观察越细致,发现问题就越多,思维也就越活跃。很多伟大的科学发明,一开始就源于对事物的观察并引发思考,比如瓦特通过对茶壶盖被水蒸气顶起的现象进行观察,在思考的基础上发明了蒸汽机;牛顿通过对苹果树上掉下的苹果进行观察,在思考的基础上提出了万有引力定律。可见,观察不但能让人们获得知识,还能引领人们进行创造。

一个人的观察经过长时间的发展,就会转变成一种观察力,就是迅速敏锐地发现事物极不显著但却非常重要的细节和特征的知觉能力,良好的观察力是智力结构中非常重要的成分。观察力的好坏,主要通过其品质体现出来,包括观察的目的性、客观性、敏锐性、全面性和精确性。观察的目的性是指善于组织知觉活动指向预想的观察结果的品质;观察的客观性是指善于实事求是不凭主观臆测地对待事物的品质;观察的敏锐性是指能从司空见惯的现象中抓住事物的重要特征,在别人习以为常的现象中发现新问题的品质;观察的全面性是指观察全面细致,不遗漏任何有关细节的品质;观察的精确性是指能从笼统的事物特征中区分出细微而重要特征的品质。良好的观察力并不是天生具备的,而是在后天实践活动中锻炼和培养出来的,因此,每个人都可以通过自身的努力来发展和完善自己的观察品质,从而形成良好的观察力。

第五章

记　忆

什么是记忆

　　感觉与知觉产生的条件是客观事物必须直接作用于人的某种感官,而且是反映当前一刻的事情,脱离这两个条件既没有感觉也没有知觉。可见,感觉与知觉只是对当前正在发生着的事情进行反映,那么是不是意味着只要客观刺激停止对人的作用,人就无法再对其进行反映,除非它再次作用于人? 很明显,这与人们在日常生活中对事物的反映实际是不符的,因为在很多时候,虽然刺激物停止了作用或只作用于人一次,但人们过后还能对刺激物作出反映,这就是人的另一种重要心理活动——记忆——在发挥着作用。

　　记忆是指过去经历过的事物在人脑中的反映。它不是对当前的反映,而是对过去的反映。当刺激物停止对人的作用后,它并不会立即消失,而是会在人脑中留下一个印象,在某种条件作用下,人们还能使其在人脑中得到恢复,就如刺激物再次作用一样。这种在人脑中保留和重现过去经历过事物的过程就是记忆。出现在人脑中"过去经历过的事物"可以包括很多种:可以是感知过的具体事物或其属性,这些内容可以来自不同的感官,如看见过的事物及颜色、形状、大小等,听过的各种声音,闻过的气味,尝过的滋味,触摸过的物体的软硬冷暖等;可以是思考过的问题;可以是体验过的情绪及情感;可以是操练过的动作等等。无论什么样的事物,只要它曾经作用过于你,就有可能成为记忆的内容。

记忆是通过人脑实现对个体经验的保存,这种保存活动不是一种被动的存储过程,而是一种积极能动的活动。首先,人们对外界信息的接受是有选择性的,虽然凡是作用过人的事物都有可能在人脑中留下印象,但很多印象很快就消失了,原因就是这些信息对人来说并不是很重要,没有得到人脑的进一步加工处理,只有那些在人们的生活中具有意义的事物,才会被人脑所选中,并得到进一步的加工处理而保存下来。其次,人脑对外界输入的信息能主动进行编码,通过编码使信息成为人脑可以接受的形式,只有经过编码的信息才能长时间保存,并在需要的时候得到恢复。第三,记忆还依赖于人们头脑中已有的认知结构,只有当新输入的信息与原有的认知结构建立起有机联系,成为其一部分时,新的信息才能获得意义而保存下来。这一系列的过程都体现了人脑不是一个被动的接受信息的容器,而是一个积极主动的记忆加工过程。

记忆在人的心理生活中具有非常重要的作用,俄国生理学家谢切诺夫说过:"一切智慧的根源都在于记忆,记忆是整个心理生活的基本条件。"首先,记忆作为一种基本的心理过程,是和其他心理活动紧密联系在一起的。人通过其他的心理活动与外界接触,并把信息反映到人脑当中,只有经过记忆才能使这些信息加以保留,而这些保留的信息对其他心理活动的进行,起着支撑与促进作用,因此,记忆与其他心理活动是相辅相成,互不可分的关系。其次,记忆在个体的心理发展中起着重要作用。人的各种心理机能的发展与完善有赖于记忆的基础作用,例如人的动作技能发展,必须是通过记忆把初级的简单的动作经验保存在脑中,然后才能在此基础上建立和发展高级复杂的动作技能;语言的发展也是通过记忆保留了人类语言的发音及词汇,然后才逐步掌握语言系统的。可见,没有记忆,就没有经验的积累,也就没有个体心理的发展。一个人某种能力的产生,一种行为习惯的养成,一种人格品质的建立,都是以记忆活动为前提而实现。再次,记忆联结了人们心理活动的过去与现在,保证了人们心理生活的完整性。有了记忆,人们把过去的经验与现在的自己联结在一起,使自身的心理生活成为统一体,进而清楚自己是如何成长与发展的,并能在理解过去的基础上,更好地把握现在与将来。如果没有记忆,人们过去的心理生活将是一片空白,人们将不知道自己是如何成长到现在的,将感觉自己的人生是不完整的,这种断裂的心理生活将会给人带来巨大的痛苦;同时,由于没有记忆,人们不能保留经验,因此将永远面临一个全新而陌生的世界,就如谢切诺夫说的一样:"永远处在新生儿的状况。"如果真是这样,人的心理就不能建立,人也就不能向前发展。

记忆表现:记忆的类型

人的记忆可以通过多种形式表现出来,这些不同的表现形式就是不同类型的记忆。在人们的生活中,常见的记忆类型有以下一些:

形象记忆、动作记忆、情绪记忆、情景记忆、语义记忆。这是根据记忆内容的不同对记忆类型进行的划分。

形象记忆是个体以自己感知过的事物形象为内容的记忆。凡是人们感知过的事物,都会在人脑中留下一个印象,而这些印象还会在没有相应事物的刺激下出现在人脑中,心理学上就把这种出现在人脑中关于事物的形象称作记忆表象,记忆表象是形象记忆的主要表现形式。人有多种感官,每一种感官都可以对接受过的刺激物留下记忆表象,其中以视觉表象和听觉表象为主。表象的特征是具有直观性和生动性,即出现在人脑中的表象,就如人们直接感知到它一样,栩栩如生,非常逼真。对于不同的人来说,表象的表现上具有明显的个体差异,这种差异是通过表象的鲜明性体现出来的。有的人视觉表象非常鲜明,见过的人或物就会"过目不忘",即便是换了时间和场合,也能准确指认,而有的人就像有"脸盲症"一样,尽管对人或物见过多次,下次再见时还是陌生的。有的人听觉表象非常鲜明,听过的声音会"过耳不忘",不但能长时间保存,而且还能加以模仿,据说孔子非常喜欢听韶乐,有一次听过后说道:"余音绕梁,三日而不绝",其实不绝于耳的是鲜明的听觉表象,日常生活中,人们听过流行歌曲后是否能够快速模仿就和听觉表象是否鲜明有关。有的人运动表象非常鲜明,看过的动作,很快就能记在大脑中,并能据此进行模仿和操练。表象的个体差异说明每个人所擅长的形象记忆是不同的,因此,对于不同的人来说,应该按照自己所擅长的方式来选择和组织学习材料,以达到较好的记忆效果。

动作记忆是个体以过去做过的动作或经历过的运动为内容的记忆。动作记忆是以动作表象为前提的，即个体过去曾经做过某种动作或见过某种动作，当这些动作以表象的形式留在人脑中，才会有动作记忆。人出生后，在最初的一段时间里主要是以动作来作用于周围的世界，通过动作接触事物并引发事物的变化，这些动作经验通过记忆保留，成为日后进一步行动的基础。人在成长过程中，对一系列复杂动作技能的掌握，都是以动作记忆为前提而实现的，即要先记住简单的动作，然后才能建立复杂的动作。有了翻身的动作经验，才会有坐着的动作发展；有了爬的动作经验，才会有站立的动作发展；有了行走的动作经验，才会有跑的动作发展，这一系列的动作技能发展，就是一连串的动作记忆。任何一项动作技能都是由多个动作所组成，这些动作并不是一开始就可以有效地联系在一起，必须通过多次的练习才能够实现。因此，动作技能一旦形成，就不容易遗忘，即使中间隔了相当长的时间，当再做这些动作时，有些可以直接实现，有些只要稍加练习就可以实现。例如，小时候经过千辛万苦学会骑自行车的动作技能，可能一辈子都忘不掉，无论多长时间没有骑过自行车，只要给你一辆自行车，你就可以毫不费力地骑行。

情绪记忆是个体以过去体验过的情绪及情感为内容的记忆。生活中人们会体验到喜悦、愤怒、悲伤、恐惧、哀愁、爱恋等多种情绪及情感，这些体验很多都属于一时性的，并带有情境性，因此很快会随着时间的流逝和情境的改变而消失，但有些体验对于人具有较大的意义，会在人们的心理上留下较深的印象，因此也就会在记忆中保存更长的时间，并在日后被多次回忆。这些能够被经常回忆的情绪情感体验，既有积极的也有消极的，当人们回忆积极的情绪情感体验时，还会使自己感觉很兴奋，就如回到了从前一样，并沉浸在幸福之中；当人们回忆消极的情绪情感体验时，同样会有难受的感觉，对于往事不想、不愿甚至不敢再提，因为一提起还会使人深陷痛苦之中。可见，性质不同的情绪情感体验，不仅是在当时会对人们造成不同的影响，即便在回忆的时候也会有相同的效果，它会影响人们的认知、生活、学习与工作。人们在情绪记忆上似乎存在着一个惯性，即很少去主动回忆一些积极的情绪情感体验，很多时候都是在偶然事件的激发下才会有愉快的回忆；而对于消极的情绪情感体验，虽然人们会用很多办法去压抑它，但很多时候还会主动去回忆，即便回忆会重新带来痛苦，这就像人身上某处有了伤口一样，虽然触碰伤口会疼痛,但人们就是忍不住去触碰它。当一个人总是沉浸在消极的情绪情感体验的回忆中而不能自拔,会对自己的身心健康带来非常不利的影响,因此,人们在生活中要学会正确面对消极的情绪情感体验,虽然我们不能阻止其发生,但我们可以学会去调节,去忘记。

情景记忆是个体以亲身经历的与一定时间、地点联系的事件和体验为内容的记忆。生活中,人们会发现这样一种现象,即很多时候人们能够很轻松地回忆起自己过去亲身经历过的很多事情,即便当时并没有要把这些事件记住的想法和目的,比如参加过的活动、同别人谈过的话、目睹过的事件等。情景记忆中的内容之所以很容易被回忆,就是因为这些内容都是与自我有关的,人们对于与自我有关的事件是不需要刻意去记忆的,很多时候都是无意识的、自然发生的,尤其是那些对自我具有重大意义的或是引起自我强烈反应的事件更是如此。情景记忆的这一特点,给人们的学习和工作带来很好的启示,那就是在学习和工作的时候,尽可能地把学习和工作的内容与当时的情景因素更多地联系起来,这样就可以利用情景记忆无意识的特点。由于情景记忆多是在无意识的情况下发生的,故带有很大的偶然性,容易随着时间和地点的变化而发生混淆或是错误,因此针对情景记忆内容的真实性需要认真的甄别和鉴定,尤其是在司法实践中,对于证人的证言要审慎地对待,不能不加证实就予以采纳。

语义记忆是以语言、文字、数字等符号为内容的记忆。语义记忆的内容主要是以知识的形式存在,这些知识反映了客观世界的具体事物及其特征和关系,并以语言符号为载体,具体表现为各种概念、规则、原理、公式等。语义记忆的发生不以个人的经历为线索,不受时间和空间的限制,其存在主要是通过语义之间的联系而建立起来的知识结构,因此在提取相关信息时,不需要过多的外部线索,只要按照信息之间的语义关系进行检索就可以实现有效提取。语义记忆是人们开始学习活动后的主要记忆形式,个体只有在记住简单的语义关系的基础上,才能建立起更高级复杂的语义关系,进而使学习活动不断得到深入。语义记忆结构的建立不是一朝一夕就能完成的,需要人们通过长时间的学习来不断构建和完善,使其更具结构性、系统性和逻辑性,进而对人们的学习实践活动发挥更大的效能。

陈述性记忆与程序性记忆。这是根据人们对信息加工和存储方式的不同对记忆类型进行的划分。

陈述性记忆是对各种事实信息的记忆,这些事实包括人名、地名、时间、事件、定义、公式、法则等,主要以语言、文字等符号来表示。由于客观世界的事物时都是相互联系的,因此这些信息反映到人脑中也不是孤立的,而是相互联系构成一个网络化的知识结构,人就是利用这个网络化的结构来表征外部世界,这个网络化的结构被称作命题网络。知识体系不同,命题网络就不同,不同的命题网络再相互联结,形成更大的命题网络。以命题网络表征的知识被称作陈述性知识,是知识的静态存在形式。由于陈述性知识是以语言、文字等符号为主要载体,因此通过语言的交流就可以实现知识的传递,而且在需要的时候,也可以直接通过语言把事实陈述出来。比如,地球是椭圆形的、北京是中国的首都、中华人民共和国成立于1949年、《红楼梦》的作者是曹雪芹等。

程序性记忆是对某种操作性活动程序的记忆,包括智力操作程序和动作操作程序。比如,混合运算的操作程序是先算乘除,后算加减,先算括号内,后算括号外;汽车起步的操作步骤分为踏离合器、操纵变速杆、观察路况、打转向灯、鸣笛、抬离合器、踏加速器。程序性记忆是以产生式系统的方式表征操作程序,所谓产生式系统就是一连串的"如果……那么……"形式,即如果具备某种条件,那么就会引发相应的动作反应,而被引发的动作反应又会成为下一个产生式系统的条件,进而引发下一个动作反应,这样就可以使动作连续不断,直到完成某种操作为止。因此,这种产生式系统是一种动态的形式,由它所表征的知识被称作程序性知识。程序性知识的掌握是在陈述性知识学习的基础上,通过大量的练习来逐步完善,因此,程序性知识一旦掌握就很不容易忘记。

外显记忆与内隐记忆。这是根据记忆时意识参与的程度来对记忆类型进行的划分。

外显记忆是指人主动从记忆经验中搜寻相关信息来完成当前的任务要求。此时人需要什么信息,如何搜索和提取都是在意识的控制之下来完成的,至于信息输入,可能是在意识控制下主动输入的,也可能是无意识输入的,它强调的是信息提取时的有意识性。通常情况下,人们的记忆主要表现为外显记忆,人们首先知道自己的大脑中存储了哪些经验,然后在需要的时候通过再认或回忆的形式去主动提取,当提取发生困难时,人们还会使用各种线索去帮助搜索。对外显记忆的研究,通常是先给被试一段记忆材料让被试进行学习,然后通过自由回忆或答题的形式让被试对记忆材料进行回忆,以考察记忆效果。

内隐记忆是指人的记忆经验自动地对当前的任务所发生影响的记忆。此时人并不知道自己存有这些信息,更不知道是如何提取这些信息的,这一切似乎都是自动完成的,并不是意识主动参与的结果,因此,内隐记忆所强调的是信息提取时的无意识性,而不管信息输入时是否有意识性。内隐记忆的发现是源于对"遗忘症"病人的研究,研究者发现,"遗忘症"病人不能主动回忆出刚学习过的任何记忆材料,但却可以通过某种活动使记忆材料得以提取,这就意味着存在一种与外显记忆相对应的内隐记忆,从而引发了研究者的兴趣,使其成为当前记忆研究的新兴领域。内隐记忆虽然不是人们现实生活中完成记忆活动的主要形式,但很多时候会对人们的生活与行为产生影响,比如购买商品时可能会受某种多次接触过的商品广告的影响,对某人的态度可能会受先前关于其传言的影响等。

回溯记忆与前瞻记忆。这是根据记忆指向的不同来对记忆类型进行的划分。

回溯记忆就是人们对过去经验的记忆,包括以上所提到的各种记忆,这也是人们传统意义上对记忆的理解,它主要是指向于过去,是关于已经发生过事情的记忆。现实生活中,人们还有另外一种记忆,这种记忆指向于将来,它所记忆的内容还没有发生,是人们计划中的某件事情,这被称为前瞻记忆。所谓前瞻记忆是指对将来某个特定时间要做某件事情的记忆,比如今天下午两点要参加一个会议,下个月的十号要参加同学的生日聚会,下班回家的路上路过邮局时要邮寄一封信等等。很多时候,人们是根据计划好的时间去完成某件事情,这就要求人们应该有较好的前瞻记忆,以便到时就能回忆起计划内容并加以完成。前瞻记忆与回溯记忆有很大的不同,对于回溯记忆来说,时间过得越久,记忆内容越容易忘记;而对于前瞻记忆来说,人们往往更容易记住较长时间后要做的事情,而把较近时间内要做的事情忘记。这种情况一般发生在时间紧、任务多,工作压力大的时候,或是心不在焉的时候。由于前瞻记忆是指向于将来,为了避免发生遗忘,制定日程表、建立备忘录或是某种人为方式的提醒都有助于前瞻记忆的保持。

记忆结构:记忆的系统

人的记忆系统具有一定的结构性,这个结构由瞬时记忆、短时记忆和长时记忆所组成,三种记忆在信息的存储时间、存储容量和信息编码方式上都具有不同性。

瞬时记忆。瞬时记忆是指在感觉刺激停止作用后头脑中仍能保持瞬间映像的记忆。它是记忆系统的开始,外界刺激作用于感官引起的感觉信息会在相应的大脑皮层区被登记,这些被登记的信息有一个短暂的保留时间,因此,作用于感官的刺激消失后,感觉信息并不会立即消失,而有一个短暂的记忆过程,由于其保留的时间仅有 0.25 ~ 2 秒钟,是一个稍纵即逝的过程,因此被称作瞬时记忆。瞬时记忆的存储容量相当大,同一时间内凡是作用过感官的刺激在其消失后,都会有一个瞬间映像,但由于其时间过短,因此很多映像马上又消失了,只有那些被注意到的信息才有可能保存相对较长的时间。瞬时记忆中的信息是未经过任何加工和编码的,均是按照刺激物的物理特征来保存,因为时间过于短暂,人根本来不及对信息进行更深入的加工和编码。尽管这些信息没有经过加工和处理,但对于人的某些实践活动却起着非常重要的作用,比如人们观赏电影时就是通过瞬时记忆对上一个画面的短暂保留,进而可以使其与后面的画面实现有机联系,这样才能看到连贯的画面动作,否则人们将看到一幅幅画面闪烁而过,而看不到画面的连贯运动。瞬时记忆也为后续的认知加工提供了时间和可能,对于整个记忆系统具有非常重要的意义。

短时记忆。短时记忆是记忆系统的中间部分,在整个记忆结构中起着承上启下的作用。短时记忆的信息存储时间大约为 1 分钟,尽管也比较短,但对于很多活动来说,这个时间已经足够保证其完成任务,比如人们通过电话询问另外一个电话号码后,在挂断电话后可以很容易地拨通所询问的电话,实际上这个电话号码只能保存 1 分钟,如果超过这个时间,人们就有可能忘记了。要想让短时记忆中的信息保存更长的时间,人们必须对信息进行多次复述,否则 1 分钟后绝大多数都会忘记。短时记忆的信息存储容量有限,按照米勒(1956 年他发表了一篇文章"神奇的数字 7±2：我们信息加工能力的限制"）的研究，其存储容量为 7±2 个组块，组块既可以看作是记忆的单位，也可以看作是信息的编码过程，看作记忆单位时主要表现为记忆保存了多少个例如数字、字母、文字、段落等，一个数字或字母就是一个组块；看作信息的编码过程是指对诸如数字、字母、文字等信息的组织加工过程，加工方式不同，组块就不同。单从组块的数量上来看，人们的短时记忆容量是非常有限的，但是每个组块的大小是没有限制的，一个字母或数字可以是一个组块，10 个字母或数字也可以是一个组块，关键是如何对信息进行加工。通过对信息的合理加工，使信息之间具有逻辑性和系统性，就可以把很多零散的信息组合在一起构成一个组块，这样单个组块的内容增加了，尽管组块数目没变，但短时记忆的容量扩大了。例如，人们平时对手机号码的记忆就是采用这种组块的方式，即把 11 位数字分成 3~4 块，每块有 3~4 个数字，这样记起来就比以每个数字作为一块要容易得多。短时记忆的功能是操作性的，它一方面通过注意接收从瞬时记忆输入的信息，对其进行加工为当前的认知活动服务，并把某些必要的信息经过复述输入长时记忆进行存储；另一方面它又根据当前认知活动的需要，从长时记忆中提取相关信息到短时记忆中进行操作，帮助人们完成相应的认知活动，待信息用完后又放回到长时记忆中。例如，当我们在解一道数学题时，它所涉及的公式保存在长时记忆中，这时我们要把公式提取到短时记忆中，结合题目对其进行分析使用，用完后又放回到长时记忆中待以后再用。可见，短时记忆是记忆系统的工作场所，所以又称作工作记忆，它始终是围绕着当前的认知活动而工作的，是人们日常生活、工作和学习必不可少的记忆形式，例如翻译员的现场口译、咨询台的接线员服务、学生课堂上的听课与记笔记等活动都离不开短时记忆的帮助。短时记忆的信息编码方式可以有多种形式，视觉的形象编码、听觉的语音编码、抽象的符号编码等都可以，一般会随着记忆材料的不同而相应地发生变化。

长时记忆。长时记忆是指对信息经过充分的和有一定深度的加工后，在头脑中长时间存储的记忆。凡是信息存储超过 1 分钟以上的都可以称为长时记忆，有些信息可以保存多年甚至终生不忘。长时记忆中的信息主要来自于短时记忆内容的加工，信息经过短时记忆的编码加工后，获得了心理意义，并能够与长时记忆中原有的信息建立起联系,然后才能被输入到长时记忆中,成为原有记忆内容的一部分而保存。信息如果不经过短时记忆的加工,就很难进入到长时记忆中。例如现在有两打钞票,数完第一打后,在你数第二打数到中间的时候被干扰,这时回过头来问你第一打有多少张钞票,你会准确地记得,而问第二打你已经数过多少张,你却发现已经忘记了,原因就是第一个数字已经加工完被输入到长时记忆中了,而第二个数字还在加工过程中,没有来得及向长时记忆输送,因此被干扰后马上就忘记了。这个例子说明长时记忆中的信息是来自于对短时记忆内容的加工。但有些时候,由于印象深刻,尽管刺激作用只有一次,信息并没有经过短时记忆的充分加工就直接进入到长时记忆而终身保存。长时记忆的容量可以说是无限的,它充分地反映了人脑的记忆潜能,有人曾经做过推算,认为人脑可以存储 10^{15} 比特的信息,把这些信息换算成书本的话,相当于 5 亿本书,这个数字简直难以想象,但都可以放进我们的大脑中。可见,人脑的记忆潜能是非常巨大的,因此我们根本没有必要担心会用脑过度,只要你愿意往里面输入信息,它就能够接受,即便你一生好学不辍,你也不可能将大脑填满,相对于有限的生命来说,人脑的记忆潜能是无限的。人脑在对记忆信息的保存过程中,会变得越来越灵活,越来越聪明。如果总也不用脑来记忆信息,大脑就会生锈发滞,当想用脑的时候不能灵活运转,人也就变得越来越笨,人脑也是遵循着"用进废退"的规律的。长时记忆就好比人类的记忆仓库,人通过各种途径所获得的知识和经验都保存在这里,以备将来的使用,当人需要用到某种信息时,它就会被激活并被提取到短时记忆中进行加工和操作。长时记忆中的信息可以包括多种编码形式,最主要的是言语编码和表象编码。不管是何种编码形式,这些信息彼此之间都不是孤立存在的,而是相互联系,以一种结构化的形式存在。

瞬时记忆、短时记忆和长时记忆是人类记忆系统不可分割的三个记忆结构,正是通过三者之间的密切配合和相互作用,才保证了人们对信息加工的完整性,也保证了人们记忆系统的完整性。无论哪一个结构出现了问题,信息加工都会中断,人就不能获得完整的信息输入,人的整个记忆系统也就丧失了整体性和连贯性。

记忆加工：记忆的过程

把记忆分成瞬时记忆、短时记忆和长时记忆三个系统,是把记忆当作一个静态的结构来进行分析的。其实,也可以按照记忆对信息加工的流程来对记忆进行动态的分析,从记到忆这样的一个动态信息加工过程,是通过识记、保持、再认或回忆三个环节来实现的,用信息加工的术语来说就是信息的编码、存储和提取。

识记。识记是对事物进行识别并记住的过程,它是记忆过程的开始,只有经过识别和记住的事物才有可能成为记忆的内容得到进一步的加工。对事物的识别并不是一蹴而就的,而是一个反复感知、思考、体验和操作的过程,经过这一系列的活动,新的信息才会在大脑上留下一定的痕迹,并与过去的知识经验建立起比较巩固的联系,使后续的信息加工得以继续。人们对于事物的识记有时是在没有目的和没有付出意志努力的情况下实现的,称作无意识记;有时是在一定目的指引下,并以意志努力来保证实现的,称作有意识记。无意识记是生活中比较普遍的现象,比如偶然感知过的事物、读过的书、参加过的活动、见过的人、听过的谈话等,虽然当时并没有要记住的目的,但很多内容却被我们记住了,而且还能在日后被回忆出来,这说明任何发生过的心理事实都会在大脑中留下印象,这些印象有深浅区别,印象浅的会随着时间的流逝而逐渐淡忘,印象深的则可以保留较长时间,甚至历久弥新。无意识记可以帮助人们自然而然地记住一些日常生活经验,并且不会感觉疲劳,但由于缺少目的性,识记时会有很大的被动性、偶然性和片面性,因此不适合识记系统性和连贯性较强的信息。有意识记带有目的性,并且需要意志努力来维持,因此可以将其看作一种智力活动,它要求识记时服从任务的要求,注意力集中、积极思考,并表现出良好的意志品质。由于有意识记具有主动性,比较适合识记系统性和逻辑性比较强的信息,因此它是人们学习和工作的主要识记类型。人们对于信息的识记有时是在不理解的情况下,采取简单重复的方式来进行,这被称作机械识记;有时是在充分理解信息意义的基础上,依靠信息本身的内在联系或与原有信息的联系进行识记,这被称作意义识记。研究表明,意义识记的效果明显好于机械识记,因为通过机械识记所获得的信息没有和原有的信息建立起有机的联系,因此很容易忘记,而通过意义识记所获得的信息和原有的信息建立了良好的联系,因此就不容易忘记。所以,在学习的时候要尽量在理解的基础上采用意义识记,而不要过多地采用依靠死记硬背的机械识记。

保持。保持是把识记过的事物在头脑中储存和巩固的过程,它是记忆过程的中间环节,是实现再认和回忆的前提。信息在保持过程中绝非一个静态的过程,而是一个动态过程,这种动态性表现为信息的量变和质变,量变主要表现为信息在保持过程中会随着时间的推移而数量减少,这就是遗忘的问题。质变主要表现为信息在保持过程中性质会发生变化,其变化形式有多种。一种变化是信息内容变得简略和概括,细节逐渐消失,这是人们在记忆活动中经常能够感受到的现象,原本很丰富的内容经过一段时间的保持后,再提取出来时只剩下了一个梗概,很多细节已经不存在了,这种变化是被动进行的,并不是人们的主观期望。一种变化是信息内容变得更加具体,或者更为夸张和突出,表现为人们对保持的信息进行了添枝加叶,进一步丰富了细节内容,这一现象可以很好地说明谣言传播的心理机制,这种变化很多时候是人们的主观而为。一种变化是信息内容变得更为完整、合理和有意义,表现为人们会把原本不相干的信息进行人为整合,使其成为一个完整的信息,或是把原本不具有意义的信息意义化,而使其具有一定的意义。这一变化过程可以通过巴特莱特的实验得到很好的说明,巴特莱特的实验材料见图5-1,试验中向第一个被试呈现直线左面的刺激图形,经过识记后让被试凭借记忆画出来,然后把画出来的图形再给第二个被试看,第二个被试看后再凭借记忆画出来传给第三个被试,这样依次传递下去,到第十八个被试看后再画出来时已经变成了一只猫,原本无意义的刺激经过十八个人的加工就具有了意义,可见无意义信息在每个人的记忆保持过程中,都倾向于使其有意义,因此才会产生这样的结果。记忆信息在保持过程中会有如此多的变化,说明人在保持信息过程中并不是一种简单的信息放置活动,期间人们会主动地对信息进行有意识的加工和处理,按照人们的意愿来决定信息的保存形式。

图 5 – 1　保持内容的变化

再认与回忆。再认与回忆是从记忆库中提取信息的活动,是记忆过程的最后环节,记忆的好坏是通过这一环节体现出来的。当人们需要某种信息时,能够比较顺利地从记忆库加以提取,就说明识记环节和保持环节对信息进行了充分的加工,使人真正记住了信息,如果不能顺利提取或是根本提取不出来,就说明前两个环节存在问题,要么识记不清晰,要么保持不巩固,或者二者兼而有之,这时人们并没有真正记住信息。再认与回忆都属于信息的提取环节,但二者在信息的提取机制上存在差别。

再认是当识记过的事物再次出现时个体能够把其识别出来的活动。例如,见过某个陌生人一次面后,换个时间和场合再次见面时能够将其认出,就是良好的再认;背过的英语单词,再次出现时,能够认出,这是再认;考试中对选择题和判断题的回答也需要再认。再认的速度和正确程度与两个条件有关:一是信息的清晰和巩固程度,识记清晰、保持巩固,再认就容易;识记不清晰、保持不巩固,再认就困难;二是当前呈现的事物同过去经历过的事物相类似的程度,如果同一事物前后变化很大,再认会很困难,表现为"认不出",例如贺知章在《回乡偶书》中所说:"少小离家老大归,乡音未改鬓毛衰。儿童相见不相识,笑问客从何处来?"儿童相见不相识就是一种"认不出"。如果不同事物相似程度很大,再认也会困难,表现为"错认",例如生活中认错人、小学生经常认错字,都是由于两个事物过于相似而使再认发生了错误。再认经常依靠各种线索来实现,线索就是与再认事物有关的特征与属性,利用个别特征和线索可以唤起对事物整体的再认,例如对一个人的再认,他的姓名、长相、腔调、动作等都可以成为再认的线索。基于这一点,我们在学习时可以通过对学习内容丰富线索的途径来提高记忆效果。

回忆是当过去识记过的事物不在时,在脑中对其进行搜索的活动。回忆有的时候是在没有明确目的,不需要任何意志努力的情况下不由自主地发生的,这被称作无意回忆,例如学生上课时由于回忆发生的"开小差"就是一种无意回忆;有的时候是在一定任务要求下,有目的的并在意志努力的帮助上来进行回忆,这被称作有意回忆,例如学生考试时根据题目的要求在大脑中搜索有关知识内容就是典型的有意回忆;有的时候是在当前事物的直接引发下发生的,这被称作直接回忆,例如人们常说的"触景生情"、"睹物思人"就是一种直接回忆;有的时候回忆需要借助一些中介性的联想来实现,这被称作间接回忆,这些联想包括接近联想、类似联想、对比联想、因果联想等,由于事物之间都不是彼此孤立的,而是具有一定的联系,因此它们被反映到人脑后,也是以相互联系的方式存在的,因此回忆时就可以借助各种联想来实现对各种信息的搜索,以便快速提取。

在对信息的提取上,再认相对更容易一些,因为它只需要判断,回忆会相对困难,因为它需要搜索和判断两个环节。一般来说,能够回忆的都能再认,而能够再认的不一定能够回忆,因此在学习中只达到对学习内容能够再认的程度是不够的,必须达到能够回忆的水平才表明是真正的学会并记住了。

记忆评价：记忆的品质

生活中人们的记忆表现具有明显的个体差异，人们会根据这些差异来评判一个人记忆的好与坏。实际上人们的记忆不存在好与坏的区分，只是人们在记忆的不同方面表现不同而已，这些不同是通过记忆的品质体现出来的，主要包括记忆的敏捷性、记忆的持久性、记忆的准确性和记忆的准备性。

记忆的敏捷性。这是记忆速度快慢与效率高低的品质。有些人记忆速度特别快，单位时间内记忆效率特别高，这说明其具有良好的记忆敏捷性，反之，则记忆的敏捷性就差。据说我国著名的桥梁专家茅以升在小的时候记忆就特别敏捷，他能在爷爷抄写古文的时候做到"过目不忘"，爷爷抄写完后，他就能背下来。记忆是否敏捷很容易在生活中被人们观察到，因此人们也就常常仅凭这一品质来评价一个人记忆的好坏，认为记得快，记忆就好，记得慢，记忆就坏。其实这是一种片面的记忆评价，记忆的好坏不能单纯以快慢来评价，如果记得快，但记得不准或是忘得也快，快就没有意义了。

记忆的持久性。这是记忆信息保持时间长短的品质。记忆的这一品质表现，个体差异非常明显，有些人能够对所保持的信息经久不忘，而有些人则很健忘。英国哲学家培根可以随时默写出自己所写过的很多篇文章；我国著名作家巴金也可以把保存在头脑中的几百篇文章随时默写，他们都体现了非凡的记忆持久性。记忆的这一品质对于每个人来说都是非常重要的，尤其是对于学生的学习来说更是如此，因为学生所学的知识很多时候不是为当前服务的，而是为了将来使用，这就需要把所学的知识在脑中进行长时间的保存，如果学过后马上就忘记，到最后脑子里什么都没有留下，这样的学习就等于没有学习。因此，在学习的时候应该使用一些办法来让所学的知识内容在脑中保存更长的时间。

记忆的准确性。这是记忆内容在保持和提取过程中是否准确无误的品质。有些人一旦记住了某种信息，不管过了多长时间，只要提取出来就是准确的，而有些人则会发生错误，这就体现了记忆准确性的差异。记得快，保持时间久固然好，但前提是必须要准确，如果保存在脑中的信息不是张冠李戴就是丢三落四,记得再快,保持再久都是毫无意义的,反而不如记得慢,保持时间短,但是准确的有意义,因此记忆的准确性更为重要。生活中,有些人的记忆准确性是非凡的,例如哈尔滨一个叫勾艳玲的话务员能够准确报出上万个用户的电话号码,其记录被载入《世界吉尼斯大全》;国际上在背圆周率方面有几个记录,1957年一个英国人可以背到5050位,1958年加拿大的一个17岁学生背到8750位,日本索尼公司的一个青年职员背到了20000位,这些人都表现出了非凡的记忆准确性。

记忆的准备性。这是能否及时提取和应用记忆信息的品质。人们记忆信息就是为了能够在需要的时候使用,但是,并不是每个人都可以在需要的时候对记忆信息进行快速提取,这主要取决于记忆的准备性。能够及时提取信息并在现实中使用,说明具有很好的记忆准备性,反之,则记忆的准备性较差。例如玩成语接龙游戏的时候,就可以观察到人们在记忆准备性上的差异,准备性好的人张口就来,准备性差的人总是延迟甚至说不出来,其实并不是他不知道,而是不能快速提取。这一点在学生考试的时候也有所体现,准备性好的学生能够快速提取知识进行准确作答,从而使考试时间充裕,准备性差的学生则不能快速提取知识,在时间上造成浪费,从而使考试时间过于紧张,甚至答不完题目。可见,记忆的准备性在学习和工作中具有多么重要的作用。记忆准备性表现的好坏,主要取决于在对信息识记时是否条理清晰、系统完整,保持时是否层次清楚、结构性强。如果存储的信息杂乱无章、无规律可循,就不容易快速提取;如果存储的信息具有明确的结构化和网络化,路径清晰,提取就容易。因此,在学习时不仅要输入更多的信息,更重要的是要对信息进行合理的结构化安排,这样才能保证在需要的时候能够快速准确地提取并加以使用。

记忆的这四个品质都不是生来就好的,主要在于后天的学习和锻炼,我们不但要锻炼记得快,更要记得准,在力求保持时间久的基础上,加强信息的条理化和结构化,以提高记忆的准备性。同时,对一个人记忆的评价也不要单从某一个方面入手,而要结合四个品质进行综合评价。

记忆遗失:记忆的遗忘

对于人的记忆,每个人可能都有过比较天真的想法或是美好的愿望,那就是记住的东西永远也不会忘记该有多好,这样,学习的时候就会很容易,考试的时候也不用担心不会,工作的时候不会丢三落四,所有的活动都会变得轻松自如起来。实际上这种想法和愿望往往会在现实面前被击得粉碎,因为人们发现记忆有一个天敌是无法战胜的,这个天敌就是遗忘。

所谓的遗忘是指对识记过的内容不能再认和回忆,或者错误地再认和回忆。人们对于识记过的内容是否真的记住了,要看在需要的时候能否提取出来,能够提取说明记住了,不能够提取说明没有记住。实际上,遗忘不仅仅局限于保持的相反过程,而是涉及记忆的所有环节,识记时的不清晰本身就蕴含着遗忘,保持中信息的遗失或失真是遗忘的主要方面,只是到了提取环节遗忘才得以表现而已。对于遗忘我们应该辩证地来对待,总是忘记我们所需要的信息自然是消极的,但是如果我们什么都不忘记,脑子里面总是塞满很多无用的信息,不但占用了很多大脑空间,而且还会干扰我们对新信息的输入和对旧有信息的提取,给记忆带来很大负担,因此,遗忘掉这些无用的信息无疑是对人有积极作用的。遗忘可以分为暂时性遗忘和永久性遗忘,暂时性遗忘是指记忆信息一时不能再认和回忆,但在适当条件下还可以恢复,例如见到熟悉的人而叫不出名字、提笔忘字等现象就是暂时性遗忘,这种现象被称作"舌尖现象";永久性遗忘是指记忆信息不经过重新学习就永远也不能再认和回忆。另外从信息提取角度看,有些记忆信息可以再认而不能回忆,这叫部分遗忘;有些记忆信息既不能再认也不能回忆,这叫完全遗忘。

对遗忘最早进行研究的人是德国心理学家艾宾浩斯,他以自己为被试,采用无意义音节作为实验材料,依据节省法来检测记忆的效果,并根据研究数据绘制了一条曲线,被称作艾宾浩斯遗忘曲线(见图 5-2),这条曲线揭示了人类遗忘的发展进程——遗忘量随时间递增,增加的速度是先快后慢,在识记的短时间内遗忘特别迅速,然后逐渐缓慢——这就是人类遗忘的规律。后人对这一结论又多次进行了验证研究,发现记忆材料性质不同,其遗忘曲线就有所不同;测量方式不同,遗忘曲线也不同,但总体趋势还是和艾宾浩斯遗忘曲线一致。这说明,虽然记忆材料的性质以及回忆的不同水平会影响遗忘的进程,但艾宾浩斯遗忘曲线还是比较准确地反映了人类遗忘过程的基本趋势,这一开创性的研究为人类对于记忆的科学认识做出了巨大贡献。

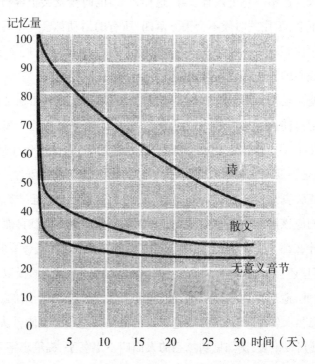

图 5 − 2 艾宾浩斯遗忘曲线

对于遗忘产生的原因,研究者给出了几种解释:一种是消退说,这种学说认为记忆就是在大脑皮层建立记忆痕迹的过程,这种记忆痕迹如果在日后得不到强化,就会随着时间的推移而逐渐消退,当完全消退后,遗忘就产生了。依据这一学说,要想不发生遗忘,就应该在学习后对记忆信息经常进行强化,例如复习巩固或是提取使用都是强化的手段。一种是干扰说,这种学说认为记忆材料之间会产生相互干扰,由于干扰的存在而使人不能对信息进行提取,从而产生遗忘。这种干扰效应体现为前摄抑制和倒摄抑制,前摄抑制是指先前的学习材料对后继的学习材料的提取起干扰作用;倒摄抑制是指后继的学习材料对先前的学习材料的提取起干扰作用。这两种抑制作用始终都会存在,因为人们的学习活动总是有先后的,因此,为了减少干扰作用,就应该在两种学习活动之间设置合适的休息时间,或是不要让两种比较相似的学习材料连在一起学习,这样都可以减少材料之间的干扰作用,从而避免遗忘。一种是压抑说,这种学说认为人类的遗忘是一种动机性遗忘,即人会采取主动压抑的方式来把那些不愉快的经历和体验压抑到潜意识当中,以此避免这些记忆信息对人所造成的痛苦和焦虑。这时所忘掉的记忆信息并不是真的遗忘了,只是人们不愿主动去回忆罢了,因此还可以在一些手段下可以得到恢复。

　　遗忘对于每个人来说是必然要发生的,世界上不存在不忘的人。虽然我们不能使自己不忘,但我们可以使自己忘的慢,忘的少,这就是人们在学习过程中所采取的一些与遗忘做斗争的手段和方法。防止遗忘最有效的手段就是进行复习,这一点早就被很多教育家所指出,例如孔子曾经说过:"温故而知新"、"学而时习之,不亦乐乎";德国的狄慈根也说过:"重复乃学习之母";现代心理学研究指出:"刺激物的重复出现是短时记忆向长时记忆转化的条件,没有复述的信息是不可能进入长时记忆的。"复习的效果好坏不在于复习次数的多少,主要在于复习活动的科学组织。首先要做到及时复习,根据艾宾浩斯遗忘曲线所揭示的人类遗忘规律,记忆信息在刚结束学习活动后的一段时间遗忘得最快最多,因此就应该在记忆信息还没有发生大规模遗忘之前就开始复习,阻止大规模的遗忘发生。在实际学习活动中,很多学生往往不能做到及时复习,而是在已经发生了大规模的遗忘之后才开始复习活动,结果复习效果非常差,因为此时的复习已经不是真正意义上的复习,而是一种重新学习。其次要合理安排复习时间。把很多学习材料安排在一段时间内进行集中突击,称作集中复习;把学习材料安排在多个时间段来分散完成,称作分散复习。研究表明,分散复习的效果要明显好于集中复习。另外对于学习材料的不同位置,复习的时间也应有所不同,这与材料的系列位置效应有关,一般来说,开头和结尾容易记住,开头是首因效应,结尾是近因效应,只有中间不容易记住,因为其同时受前摄抑制和倒摄抑制的影响,因此复习的主要时间要用在材料的中间部分。再次要采取多样化的复习方式,这样可以避免因复习形式单调而产生的厌倦和疲劳,把多种感官相互结合,采用阅读与尝试回忆相结合等多种手段,都可以很好地提高复习效果。

第六章

想　象

什么是想象

人们依靠感觉和知觉实现了对当前正在发生作用的刺激进行反映,获得了关于现实性的知识和经验;依靠记忆实现了对过去曾经发生过作用的刺激进行反映,在大脑中保留了过去的知识和经验。那么,对于某种从来没有亲自感知过的事物或是现象,此时既没有感知的经验也没有记忆的经验,是否就意味着人们将永远无法实现对其的认识了呢? 其实不然,人们还有更高级的认识活动——想象——来实现对这些事物及现象的反映。所谓想象就是人们对头脑中已有的表象进行加工改造,形成新形象的过程。

想象的基本材料是表象,这些表象都来自人们过去对某种事物现象的感知,然后通过记忆保留下来,所以被称为记忆表象。它可以包括很多种,有听觉的表象、嗅觉的表象、味觉的表象、触觉的表象,其中最主要的就是视觉表象。人们进行想象活动时,就是以这些记忆表象为基础,通过对它们的加工和处理,从而产生各种新形象,如果没有这些记忆表象的存在,人的想象活动是无法实现的。比如当我们读马致远的《天净沙·秋思》:"枯藤老树昏鸦,小桥流水人家。古道西风瘦马,夕阳西下,断肠人在天涯",会在脑子里面呈现出一幅充满荒凉气氛的"秋暮羁旅图",这幅图就是以脑子里面的表象为基础,进行重新组合后而形成的。尽管我们没有亲身经历作者所描绘的场景,但词中所提到的各种事物却是我们都曾经感知过的,而且都留有印象,因此就可以按照作者的描绘进行重现及重组,构成一幅想象的画面,实现对词的理解和欣赏,否则我们就只是读到一堆文字而已,不会形成作者通过文字所创造的意境。

想象活动具有明显的形象性和新颖性特点。形象性是由于人们在进行想象活动时,主要利用了视觉表象,视觉表象大多是直观的和具体的图形信息,而不是抽象的词汇和符号,因此通过对这些图形信息进行重新加工所产生的新形象就具有明显的直观性和形象性。因此,想象的画面和场景就和真实的几乎没有什么区别,会使人具有身临其境之感,甚至还会有更美好的向往。新颖性是指通过想象不仅可以创造人们未曾感知过的事物形象,而且还可以创造现实中不存在或不可能有的事物形象,比如神话故事中的"各路神仙及妖魔鬼怪"是现实当中根本不存在的,这些形象都是作者通过想象所创造出来的。从这一点上来看,想象似乎超越了现实,其内容可以不受客观现实的束缚,其实不然,虽然通过想象创造出的事物形象在现实当中不存在或不可能有,但是不管其多么离奇古怪,它都不能脱离现实,因为它的构成素材肯定是来自于现实的,如果没有客观现实提供素材,人们是无法想象出任何东西的。比如在《西游记》中,孙悟空的形象是人和猴子的结合、猪八戒是人和猪的结合、玉皇大帝是以汉族人的形象为原型、如来佛祖是以印度人的形象为原型,"孙悟空"的兵器之所以是一根棒子,而不是某种现代化的武器,就是因为在当时还没有这些东西,尽管吴承恩的想象力已经足够丰富,但他也只能赋予孙悟空的棒子一个好听的名字和变化而已,无论如何都不能想象出某种现代化武器,原因就是没有素材。

想象作为一种高级的认识活动,虽然不能超越现实,但可以对现实进行超前反映。很多时候人们正是利用这种超前反映来应对现实和解决实际问题的。实际生活中,当人们身处某种现实当中或是面临某种问题情境时,在需要尚未满足,行动尚未展开时,常常会在头脑中出现需要得到满足和问题得以解决的情景,这种情景就是通过想象对现实的一种超前反映,是对未来的一种预见。通过这种超前反映,人们可以更客观地看待现实,尤其是当问题情景具有较大的不确定性,信息提供不充分的时候,人们主要是利用想象"跳过"某些具体的思维阶段,以想象的形象为中介,并在此基础上寻找到合适的解决问题的途径和办法。

想象加工：想象的过程

想象的进行是人们通过对头脑中原有的记忆表象进行分析与综合，提取出必要的元素，然后按照新的构思重新组合这些元素，进而产生新的形象。相同的记忆表象，每次被加工利用的特征可能会不同，这主要取决于人们头脑中当时的构思是什么，构思不同，提取的元素和加工处理元素的方式就不同，产生的新形象也会不同，这也充分说明了人们想象的丰富性。人们进行想象时，对头脑中记忆表象的加工过程主要有以下几种方式：

黏合方式。这是把客观事物中未曾结合过的属性、特征、部分等在头脑中结合在一起而形成一种新的形象。这种方式经常在神话故事中被使用，例如孙悟空、猪八戒、美人鱼、牛头马面等都是想象的黏合产物。这种想象活动是将客观事物的某些特征分析并提取出来，然后按照人们的要求，将这些特点重新配置并综合起来，构成了人们内心渴求的形象，以满足人们的某种需要。通过黏合所创造出来的形象，在内容上受到一定的社会文化、民族风俗习惯的影响。比如在不同国家人们对于孙悟空的形象会有不同的黏合方式，这些不同的黏合形象一方面表达了人们的不同心理诉求与渴望，一方面也体现出了不同文化的理解与意义。除了艺术创作之外，在科技发明中也经常会使用黏合的方式来进行想象，帮助人们研制和开发某种新的科技产品，以解决人们在实践中所遇到的难题。例如在军事上，以往的坦克只能在陆地上行驶作战，一旦遇到河流就无用武之地，因此人们就想如果坦克也能像轮船一样在水里航行该有多好，这样就可以解决坦克不能涉水的难题，正是按照这样的思路，人们把船和坦克的特征进行黏合，研制出水陆两用坦克，它不但能在陆地上飞驰，还可以自行涉水，大大提高了坦克的作战性能。类似的发明，还有水陆两用飞机、水陆两栖战车、水陆挖掘机等。

夸张方式。这是通过改变客观事物的正常特征，或者突出某些特征略去另一些特征而在头脑中形成新的形象。这种方式也经常在神话故事的艺术创作中使用，例如千手观音、九头鸟、多头怪、三头六臂等都是想象的夸张产物。通过夸张方式所创造出来的形象，不仅仅是艺术的夸张，很多时候也承载了人们的内心需求与愿望。例如人们心目中的千手观音是每只手上都有一只眼睛,每只眼睛所看到的事情是不一样的,因此人们不管遇到什么事情都会去求观音的保佑,观音也就成了人们心目中无所不能的神,驱灾避祸、送子降财、除病延寿等等都逃不过观音的法眼。从中可以看出,人们之所以创造出千手观音,是因为人们内心有千般想法和万种欲求,然后通过这种艺术形象来表达而已。对于幼儿来说,他们更喜欢和更容易接受这种夸张的艺术形象,这是因为幼儿对于客观现实的认识很多时候并不是完全实事求是的,而是按照内心的愿望来表达客观现实。这在他们的绘画活动中有明显的体现,比如他们会让人或是动物具有多只眼睛,这样可以看到更多的事情;让人或是动物具有十几条腿,这样可以走得更快;具有多只耳朵,这样可以听到多种声音等。正是根据幼儿心理发展的这一特点,在针对幼儿的艺术创作中,在形象设计、动作表情、语言表达、情节构成上都较多地采用夸张的方式来进行艺术想象,从而符合幼儿的认识特点,满足幼儿的欣赏需求。

拟人化方式。这是把人类的形象和特点赋予非人类对象,使之人格化后产生的新形象。这种方式是文学创作和其他艺术创作的一种重要手法,例如《西游记》中的雷公、风婆、树怪、藤妖、蜘蛛精,《聊斋》中的狐狸精、蛇精、花仙、山神等都是通过拟人化的方式所创造出的形象。这种想象方式并非作者的胡编乱造,而是表达了作者的一定创作意图,每个形象都承载着一定的思想,表达着某种愿望,正是通过拟人化的方式,使它们具有了人的思想、情感、语言、人格,并参与到人类的社会生活当中,在人与神、人与妖的互动中表达着作者的精神述求。人们之所以喜欢读这类文学作品或是看这类影视作品,一方面是满足了人们渴望了解非人类世界的好奇心,人在很小的时候就一直在想一个问题,那就是非生物体及动物等是不是也和人一样生活,是不是人所具有的特点它们也都具有,这被称作幼儿的"有灵论"思想,尽管后来所获得的科学知识已经有了明确的解释,但是人们还是喜欢以人性化的方式来看待这些问题;另一方面是使人们内心深处的某些需要和欲望找到了合适的投射对象,当人们意识到自己的某些需求和欲望不能在现实生活中得以实现时,便开始寻找合适的替代对象,以便通过这些替代对象来满足自己的需求与欲望,同时又不会给自己或是他人及社会带来什么负面影响,因此这些拟人化的神也好、妖也罢,它们什么都可以做,也什么都可以做到,人们不会对它们的行为进行道德上的评价,因为这就是一种想象,尽管表达了真实,但却不是真实。

典型化方式。这是根据一类事物的共同特征,通过高度的概括和综合之后所创造出新的形象。典型化的一种方式是把一类事物的共同特征集中在一个具体事物上使其能够代表全体,比如艺术设计中所使用的花瓣及树叶,它们绝不是某种具体的花瓣或是树叶,而是像所有的花瓣和树叶;另一种方式是对不同事物特征的杂取,然后通过高度的概括形成一种具有代表性的特征来代表所杂取的群体,这是文学创作中塑造人物形象经常使用的一种典型化手法。例如法国作家巴尔扎克在谈人物塑造时指出:"为了塑造一个美丽的形象,就取这个模特的手,取另一个模特的脚,取这个的胸,取那个的骨。艺术家的使命就是把生命灌注到所塑造的人体里去把描绘变成现实。如果他只是想去临摹一个现实的女人,那么他的作品就不能引起人们的兴趣,读者干脆就会把这未加修饰的真实扔到一边去。"我国著名作家鲁迅先生在谈到自己对人物塑造上的体会时也说过:"所写的事迹,大抵有一点见过或听到过的缘由,但决不全用这一事实,只是采取一端,加以改造,或是生发开去,到足以几乎完全发表我的意思为止。人物的模特也一样,没有专用过一个人,往往嘴在浙江,脸在北京,衣服在山西,是一个拼凑起来的角色。"正是通过这种典型化的方式,鲁迅先生塑造了像阿Q、孔乙己、祥林嫂、闰土等多个生动的形象,反映了当时的人们生存状态及时代特征,成为我国文学创作的一笔宝贵财富。典型化方式中的"杂取"与"拼凑"绝不是无选择的照抄和生硬拼凑,而是包含了一系列的选择、分析、综合、比较、集中、抽象、概括的过程,因此通过这种方式所想象出的形象,既来自于生活,又高于生活。

想象价值:想象的功能

想象作为一种认识活动,在人的学习、工作以及生活中发挥着重要的功能,具体表现在以下几个方面:

想象的补充功能。想象的补充功能主要体现在对个体知识经验的补充上。一般来说,个体获取知识经验有两种途径:一种是直接途径,即通过亲自参加实践活动,在实践中与客观事物相接触,利用感知实现对客观事物及其特征的认识,使人们获得相应的知识和经验;一种是间接途径,即不用亲自参加实践活动,而是通过对以语言、文字、手势、符号等为载体的接受或是学习来间接获取知识和经验。这两种获取知识经验的途径都不能保证人们获得全部的知识经验。就直接途径来说,人在一生当中的活动范围是有限的,所能亲自接触的事物更是有限的,因此单凭直接感知来获取知识和经验,人一生当中所能获得的知识和经验会少之又少,对于那些人们无法亲自感知的事物,是否人们将永远不能认识呢? 其实不然,人可以利用想象来实现对它们的认识,进而补充相关的知识和经验,尤其是对那些空间遥远,时间久远的事实的认识,想象可以充分发挥它的补充功能。比如,现在人们对于宇宙空间的认识,很大程度上来源于人们的想象,只不过这种想象具有一定程度的科学依据,至于其真实性如何,只有等待科技的发展可以把人类带到外太空才能得到验证。就间接途径来说,人们对于通过语言、文字等传递的知识进行理解,很多时候也是借助于想象来实现的,比如语文学习中,对于诗词的理解和欣赏,必须借助于想象来构成文字所描绘的画面,然后才能理解文字的寓意,体验到诗词意境的优美。可见,想象可以无限地扩大人们的认识范围,使人真正做到"思接万里,神通宇宙",保证人们获得更广泛意义上的知识和经验。

想象的预见功能。想象的预见功能主要体现在人们通过对某种活动结果的预见,来指导实践活动进行的方向。日常生活中,人们做任何事情并不都是在充分掌握现实的基础上,有条不紊地按步骤执行,最后获得自己想要的结果。有些时候由于某种客观现实的作用,在还不掌握现实条件的前提下,人们出于对活动结果的想象来开展工作。正是在这种想象的指引下,人们不断地实践,反复地修正,最后取得活动的成功。比如人类很早就想象能像鸟儿一样在天空中自由地飞翔,也正是在这种想象的驱动下,人们不断地进行探索研究,进行各种模拟实验,改进发明设计,今天这种想象终于变成了现实,人们不但可以飞上天空,而且飞出了地球,可以在太空中翱翔。正是因为想象具有预见的功能,它才可以给人的认识活动提供动力,给人的思维插上翅膀,让人们不断地去发明创新,使人类的实践活动不断向深入发展。回顾一下人类社会的发展历史,无数的发明创造无不是源于人们最初的想象,可以说是人们的想象推动了科技的进步,推动了人类文明的发展。也正是基于此,爱因斯坦曾说:"想象力比知识更重要",他一方面是说知识易得,而想象难求;另一方面是说只有知识而没有想象,知识就只是一种工具,它只能帮助你解决问题,而不能帮助你找到问题,而有了想象之后,知识就具有了生命力,它可以不停生长,并不断地带着你朝新的问题方向前进。

想象的代替功能。想象的代替功能主要体现在人们通过想象来代替某些需要与愿望的满足。现实生活中,人们会产生各种各样的需要,有了需要之后,大脑就能反映到由需要所引起的机体不平衡状态,进而使个体体验到一种特有的紧张感和焦虑感,这种紧张感和焦虑感就是促使个体采取某种行动去追求目标以使需要获得满足的动力。对于人来说,并不是有了需要与愿望,就都能获得满足和实现,需要的满足与愿望的实现,必须具备一定条件才能实现。这里存在一个悖论,那就是人会不断产生各种需要,拥有各种美好愿望,而这些需要和愿望又不可能都在现实中得到满足和实现,这岂不是让人总是陷在紧张和焦虑之中而不能自拔吗?其实不然,虽然人的很多需要与愿望不能在现实中得到满足和实现,但我们也很少看到有谁因为需要与愿望没有实现而终日焦虑,痛苦不堪,原因就在于,很多时候人们会让那些不能在现实中得到满足和实现的需要与愿望在想象中得到满足和实现,同样可以帮助人们解除紧张和焦虑,使机体恢复到平衡状态。在想象中满足需要与实现愿望,对于幼儿来说是比较常见的现象,因为幼儿的生理和心理还处于发展过程中,还不具备在现实生活中使需要与愿望得到满足与实现的身体与心理条件,因此他们更富于想象,其想象的内容更多的是指向自己的需要与愿望,甚至有些时候会把现实与想象相混淆,并对此确信无疑,这充分表现了幼儿心理发展的年龄特点。对于青少年来说,由于处在特殊的身心发展时期,其很多的欲求与渴望是在想象的"白日梦"中得以满足和实现的。即便是成人世界,利用想象来代替需要的满足与愿望的实现也是经常发生的现象。

想象的调节功能。想象的调节功能主要体现在人们可以通过想象活动来对自身的生理与心理机能状态进行调整。通过想象来使人的生理机能状态发生改变,早在《圣经》中就有记载,当时人们为了使那些患有"歇斯底里症"的患者在发病时能够尽快恢复平静,所采取的办法就是在他们发病时让他们想象耶稣受难时的情景,病人通过想象后确实能够很快恢复平静。同时人们也发现了另外一种特殊的现象,即病人在想象后,在他们的手掌心出现了红斑,由于耶稣是被钉在十字架上而受难的,因此人们就把这种红斑称作"圣斑",以此表示对圣人的崇敬。对于这种记载的真假我们很难去加以考证,但是对于"圣斑"产生的机制我们今天却可以做出解释,其实质就是想象活动使人体的相应生理机能得到激活,并通过生理过程的进行而有所表现,这就是现在心理学研究所揭示的"生物反馈"原理。人是一个身心统一体,身体的生理机能与心理机能是相互联系、相互影响的,在某种心理活动的作用下,确实能够在一定程度上使人体的生理机能状态发生改变,并以此对环境做出反应。类似的例子就是《三国演义》中的"望梅止渴"典故,士兵们在听到曹操说前面有一片梅林之后,不再感到口渴,原因就是士兵们在大脑中想象到了一大片梅林,树上结满了成熟的杨梅,想象到杨梅吃到嘴里时那种又酸又甜的滋味,进而促使唾液直流,而不再感到口渴,其机制就是通过想象活动而使唾液腺分泌唾液的生物反馈机制。通过想象活动不仅能够对人的生理机能进行调节。而且还可以以对人的心理机能状态进行调节,以使人从不良的心理状态恢复到良好的心理状态,或是使人能够沉心入静以达到修养身心的目的。前面所提到的通过想象来代替需要的满足与愿望的实现本身就是对心理状态的调节。心理咨询与治疗中也经常采用"自由联想"的手段来帮助患者查明事实真相,调整心理状态,解除心理困惑,以达到治疗的目的;印度的一种修养身心的方法就是利用"冥想"来使人心神入定,进而达到让人思维更加清晰,思想得到升华的目的。

想象形式:想象的分类

对于想象的分类比较简单,主要是根据想象活动进行时是否有目的性,是否需要意志努力来维持,把想象分为无意想象和有意想象。

无意想象。这是没有预定目的,不需要付出意志努力的不由自主的想象活动。这种想象活动经常发生在大脑的兴奋性降低,意识活动减弱时,由于失去了意识的有效调控,个体容易让自己的心理暂时失控而进入想象的空间,比如人们在日常的工作中经常会有思想溜号的时候,学生在课堂上也经常会有精神开小差的时候,这些情况的出现很多时候都是由于无意想象在作怪。另外,在某种刺激的直接作用下,人也容易不由自主地产生无意想象活动,比如在晴朗的夏日,当人们偶尔抬头看到天空中的朵朵白云时,立刻会在脑海里出现各种事物形象,像动物、像人物、像怪兽、像山川、像宫殿等等,这些形象的产生是个体没有一点预定性的目的,不用付出丝毫的意志努力下,完全是在刺激的直接作用下无意想象的产物。还有像精神病患者的幻觉,以及在某种药物作用下所导致的幻觉都可以看作是一种无意想象活动。在无意想象活动中,梦是一种最典型的形式。

梦对于每个人来说既熟悉又陌生,熟悉是因为每个人几乎每天晚上都会做梦,它与我们的睡眠是如影随形,不离不弃;陌生是因为梦里发生的事情千奇百怪,而我们又无法说清它的原因。因此,人们历来都把梦看作是一种非常神秘的现象,并对其做出各种各样的解释。现在通过科学的研究,人们已经知道了梦的实质及产生机制。按照巴甫洛夫的解释,梦是人在睡眠状态下,由于大脑皮层抑制的不平衡,导致某些皮层部位仍处于活跃状态,神经细胞的暂时神经联系就以意想不到的方式重新结合而产生了众多新形象,进而形成了梦。实际上,人在睡眠的时候,不会一晚上总在做梦,梦的出现总是断断续续的,这是由于人在睡眠的不同阶段大脑会产生不同的脑电波所致。研究发现,睡眠的时候大脑会有两种典型的脑电波,一种是慢波,一种是快波。慢波的特征是波幅比较大,频率比较低,同时伴有眼球的慢速转动,这种睡眠被称作慢波睡眠或慢速眼动睡眠,此时人一般不会做梦;快波的特征是波幅比较小,频率比较高,同时伴有眼球的快速转动,这种睡眠被称作快波睡眠或快速眼动睡眠,此时人就开始做梦。这两种脑电波一夜之中会有多次的交替,因此人不会一夜始终都在做梦,而是断断续续地产生梦境。

心理学上之所以把梦看作是一种典型的无意想象活动,一方面是因为梦的无目的性。梦都是产生在人的睡眠过程中,人在睡眠的时候,大脑基本处于抑制状态,此时它根本不能进行有意识的活动,因此任何梦境的出现都不可能是个体事先计划好,有目的地来产生,人是不能按照计划来做梦的。另一方面是因为梦的离奇性和逼真性。虽然梦的产生是无目的的,但其内容却具有离奇和逼真的特点,离奇是指梦中出现的事物常常是现实中不存在的,发生的事情往往是现实中不可能发生的,而这些又都很逼真,常常使人有身临其境之感。因此,梦境正好符合了无意想象的定义特征,它是无目的产生的,其内容不是胡编乱造,而是通过对大脑中的记忆表象加工改造而成,因此才具有离奇和逼真的特点。

梦虽然离奇古怪,但我们应该对梦有科学的认识,不能用迷信或是唯心主义的观点来解释梦。无论什么样的梦,其出现都是有原因的,因为构成梦的素材来源于客观现实,梦也是对客观现实的反映。做梦的原因大致有三种:一是身体内部的生理变化。睡眠的时候,身体内部的某些生理变化同样能够被大脑所获知,进而以梦境对其做出反映,比如睡前没有吃饱,睡到半夜的时候腹内空虚,此时就会产生四处寻觅美食的梦境;当该起夜解决内急的时候,就会产生到处寻找茅厕的梦境。二是外部刺激的作用。睡眠的时候,某些外部刺激也可能被大脑俘获,进而产生相应的梦境,比如大家都知道睡觉的时候尽量不要把双手放在前胸上,否则就会做噩梦,其原因就是双手对心脏的压迫所致。三是"日有所思,夜有所梦"。白天长时间想过的人或事、思考过的问题、体验过的情绪等都有可能会在夜里以梦的形式继续,原因就是与这些事件有关的大脑皮层由于白天的过度兴奋而不容易抑制,因此才会有相应的梦境产生,那些发生在有些大科学家身上通过梦境解决问题的奇闻逸事,实际上不是梦的功劳,而是功夫在梦外。

对于做梦好还是不好,历来都有不同的观念,而且中西方存在差异。古代西方的柏拉图说过:"好人做梦,坏人作恶",而古代中国则认为"至人无梦",可见西方人认为做梦是好的,而中国人认为做梦是不好的。即使到了现在,很多人也认为经常做梦是不好的,因为它会干扰大脑的正常休息,使人的睡眠质量降低,长此以往就会影响人的身心健康,因此在我国的传统中医理论中,会把神经衰弱和失眠多梦联系在一起,就充分体现了这一思想。实际上,现代科学研究认为,做梦并没有害处,反而会对人有益处,梦并不会干扰大脑的休息,做梦是大脑正常功能的表现,这对于维持脑的正常活动是必要的形式,反而是如果长时间不做梦,说明大脑可能出现了问题。至于人们常说的做梦过后感觉疲惫,其实质不是生理上的疲惫,而是由于梦的内容给人带来的心理上的疲惫。更何况梦可以调节人的心理生活,缓解人的心理压力,促进精神系统各心理因素的平衡,因此,我们不应该害怕做梦,而应该充分享受梦境给我们带来的幸福与喜悦。

有意想象。这是有预定目的,依靠意志努力维持的自主进行的想象活动。有意想象与人的社会实践活动密不可分,它来源于社会实践对人们提出的要求,并成为社会实践活动中的有机成分。有意想象进行的时候,人们自觉地控制着想象过程的发展方向,根据实践的要求有目的地积极组织头脑中的相关表象,排除与当前活动不相符合的表象,使想象过程符合于当前任务的需要,产生活动所需要的新的想象表象。根据有意想象内容的形成方式与新颖程度的不同,可以把有意想象分为再造想象、创造想象和幻想。

再造想象是在语言、图形或其他符号的提示下,在头脑中形成相应新形象的过程。再造想象中的再造包含两层含义,一层含义是指在个体头脑中根据提示所形成的新形象不是自己首创出来的,而是别人已经想象过的,只不过是自己不曾感知过而是根据别人的描述或示意再造出来的,比如我们阅读古诗时头脑中形成的作者所描绘的画面、阅读小说时头脑中形成的故事人物的画像、建筑工人看图纸时头脑中形成的关于建筑的立体结构等都是在语言文字或图形的提示下而实现的一种再造想象。另一层含义是指在再造过程中,个体并不是原封不动地使有关形象加以呈现,而是按照自己的方式来进行再造,在这个过程中,个体已有的知识、经验及喜好等具有重要的影响作用。因此,不同的人对同一事物形象再造出来的新形象不仅与作者会有所不同,而且彼此之间也会有所不同,比如人们看过《水浒传》后会对宋江的形象有不同的再造、看过《三国演义》后会对曹操的形象有不同的再造,这些不同的再造均体现了个人的理解和喜好,这也充分体现了再造想象是一种认知加工,而不是简单的复制。要想使再造想象得到良好的发展,一是要丰富和扩大头脑中记忆表象的数量,提高其质量;二是要不断学习,提高正确理解语词或是图形标志意义的能力。

创造想象是不依据某种现成的描述而独立地在头脑中创造出新形象的过程。通过创造想象所产生的新形象应该具有首创性、独立性和新颖性,即这种新形象是第一次出现,是个体独立完成,带有全新的特点。创造想象是个体在实践活动中,出于对活动变革的要求,在头脑中建立相应的目的,根据预定目的的指引而展开的一种具有创见的想象活动。在这个过程中,个体需要结合实际对头脑中已有的表象进行深入的分析和综合,多方位的思考和加工,多层次的改造与重组,然后才有可能形成具有创造性的构思。由于创造想象的加工复杂性,在个体所从事的很多常规活动中很少会见到创造想象的身影,它更多的时候是出现在个体所从事的创造性活动中。因为创造性活动是指向问题的新方向,需要新的思路来解决,希望有新的产品产生,这些都为创造想象的产生提供了前提和动力,可以说它是创造性活动的有机构成部分。一般来说,创造想象以强烈的创造动机为推动力量,以某些原型事物的启发为契机,以积极的思维加工为条件,有时还需加上一丝灵感使其开花结果。

幻想是与个人的愿望相联系并指向于未来的想象。幻想是有意想象的特殊形式,虽然是人主动进行的并且有一定目的性的想象活动,但它不与现实相联系,不是由于某种现实刺激的作用而产生的想象活动,其内容不是对某种具体的表象加工,而是更多来自个体的思维抽象和精神寄托,往往是一些虚拟性的观念和向往性的非真实状态,因此幻想的内容不立即体现在人们的现实活动中,主要是指向于未来。根据幻想品质的不同,可以把幻想分为理想和空想两种。理想是在科学世界观指导下,与事物发展规律相符合,经过个人努力就有可能实现的幻想。理想在个体的生命发展中具有非常重要的作用,因为有了理想之后,个体就有了明确的奋斗目标,就获得了源源不断的行为动力,在它的作用下个体会去努力求知,迎接挑战,战胜困难,积极创造,直至实现理想的目标,达到人生理想的境界。正因为理想是一种积极的幻想,所以在很小的时候,家长与老师就告诉我们每个人都应该树立远大的理想,并为之付出毕生的努力,这样才能使自己的人生过得有价值和有意义。空想是违背事物发展规律,不可能实现的幻想。当一个人生活失去目标,缺少行为的动力,没有敢于迎接挑战并战胜困难的勇气时,就会感觉生活空虚无聊,进而陷入不切实际的空想之中,表现为不是努力进取而是胡思乱想,不是脚踏实地而是想入非非,并以此为满足求得心理上的安慰,行为上的解脱。空想是一种消极的幻想,因为其不符合事物发展规律,因此想了也是白想,而且长此以往会毒害人的认知,消磨人的意志,瓦解人的行为,最终蚕食人的生命,毁掉人的一生。因此,对于每个人来说,都应该建立积极的理想,避免陷入消极的空想。

第七章

思　维

什么是思维

　　人们通过感知觉了解了事物的外在属性,获得了有关事物的感性认识,但是对于人来说,只知道事物的外在属性,让认识仅仅停留在事物的表面是不行的,因为真正使事物存在,并使一个事物区别于另一个事物,不是由事物的表面属性来决定的,而是由事物的本质属性来决定。这些事物的本质属性都隐含在事物的内部,因此无法通过感知觉活动来获得,要想实现对这些属性的认识,就需要更高级的认识活动来实现,这一高级的认识活动就是人类的思维活动。在心理学上,思维被定义为人脑对客观事物本质属性及内在规律的概括的和间接的反映。

　　思维作为一种高级的认识活动,它反映的是事物的本质属性和事物之间规律性的联系。任一事物都是由许多属性所构成的,在这些属性中有些是非本质属性,有些是本质属性,决定一个事物存在并与其他事物有所区分的就是由事物的本质属性来实现的。例如拿我们人类来说,人自身有很多属性,包括人有四肢、有皮肤而且肤色不同、有头发而且发色不同等等很多属性,那么这些属性是否就是决定人存在并与其他动物区分开的属性呢? 我们都知道不是,也就是说以上这些属性都不是人的本质属性,它们不决定人的存在也不能使人类和动物区分,人的本质属性是人会思考,人能掌握语言,人能制造和使用工具,而这些属性的获得不是由感官来实现的,而是由人脑的思维活动来实现。

由于思维反映的是事物的本质属性和内在规律性的联系,因此思维的两个主要特征就是概括性和间接性。所谓概括性就是通过抽取事物的共有特征和彼此之间的必然联系来对事物进行反映。思维的概括性所要概括的内容包括两方面,一是对同一类事物的本质属性进行概括。事物是分类存在的,人们对于事物的认识也是以分类的方式来进行的,人的这种分类能力很早就获得了发展,正是因为这种分类能力的存在和发展才使人的大脑没有被复杂的客观世界所压垮,才使我们对客观世界有了清晰的认识。任一类事物都包含了许多具体的事物,这些事物的外在属性千差万别,但它们之所以被看成一类事物,就是因为它们具有一些共同的属性,这些共同的属性决定了它们的类别归属。这些共同属性不存在于事物的表面,必须通过人脑的加工来进行概括和抽取。通过思维活动概括出来的这些属性就是同一类事物的本质属性,人们根据这些概括出来的本质属性形成了相应的概念,用来指代这一类事物。例如,"水果"这一概念的获得,就是人们利用思维的概括性舍弃了各种具体水果的大小、颜色、味道等非本质属性,而抽取出了"含水分较多的、可以食用的、果实"这一"水果"的本质属性,进而形成了"水果"概念。有了这一概念之后,我们就可以利用它去认识更多的水果,只要它具备以上三个属性就可以称为水果,即使我们没有见过或是吃过。二是对事物之间的规律性联系进行概括。所有事物都不是孤立存在的,彼此之间都会有一定的联系,这些联系有些是偶然的联系,有些是必然的联系,必然的联系就是一种规律性的联系。人们在日常生活中伴随着实践活动的进行,通过对各种事物现象的观察和思考,并不断地加以概括和总结,把握了很多事物之间的规律性联系。例如人们通过对于自然现象的观察,概括出了"月晕而风,础润而雨"的自然规律,并根据这一规律有效地指导了实践活动。类似于这样的很多物理规律,都是通过思维活动概括出来的。

思维的间接性是指思维的进行必须借助于一定的知识经验或是媒介来实现对事物的反映。由于思维反映的内容是隐含在事物内部的本质属性和规律,因此无法直接来获取,必须借助于相关的知识经验并以某种媒介为手段来实现认识。有了这种间接性,人们就可以理解和认识那些没有直接感知过的事物和现象,例如考古人员利用各种化石实现了对过去生物生存和发展的认识,中医利用"望、闻、问、切"的手段实现了对病人疾病的诊断。思维的间接性还可以帮助人们对那些根本不能感知的事物属性和联系进行反映,这正如列宁所说:"表象不能把握整个运动,例如它不能把握秒速为 30 万公里的运动,而思维则能够把握而且应当把握。"以人类今天的科技水平,对于外太空的认识更多的是停留在思维的间接推断上。思维的间接性还可以帮助人们预见和推知事物发展的进程,进而指导人们的正确行动,小到一个具体计划的制订,大到对于未来的规划都是通过思维的间接途径来实现的,只不过它必须建立在某种科学的理论基础之上,并以大脑的精密思维操作来加以保障,这样才能保证这种思维间接性的正确。

通过思维这种高级的认识活动,人们获得了对于事物本质属性及规律的反映,进而实现了对事物的真正认识。但这种认识的完成绝不是孤立的,而是在感知觉所获得的各种感性经验基础上,借助于记忆的作用,在脑中对感性经验进行加工,揭示和概括出有关事物的本质属性和规律,使人们的认识从事物表面深入到内部,从现象看到本质,最终实现了从感性认识上升到理性认识。

思维产生:思维与语言

思维作为一种抽象的认识活动,其实现主要是在大脑中借助于对各种抽象符号的操作来进行,这些抽象的符号可以是表象化的视觉、听觉、触觉等形象,可以是某种具体动作的表象模式,可以是某些情绪记忆的主观体验,但最主要的符号就是语言。人们不但可以直接利用语言来进行思维活动,而且可以把其他的符号转化为语言来进行思维活动,因此,语言符号在思维活动中发挥着巨大的作用。

从思维与语言的产生可以看出,二者几乎是同步的或是互为契机的,它们都是在人类的进化过程中伴随着人类实践活动的开展和不断深入而形成的。人类在进化的初期,为了生存和繁衍,开始了缓慢的实践活动生涯,他们制造简单的工具用于狩猎、采集、捕鱼等活动,随着工具的进步,实践活动的成效也逐步增加。在制造工具从事实践的过程中,人类学会了经验的积累和总结,并不断加以概括向下传递,这可以看作是人类思维的产生。同时在实践活动中,为了更好地团结与协作,人们彼此之间产生了相互沟通的愿望,以此来传递信息,交流思想,在此基础上促使了语言的产生。有了语言之后,人们在相互交流中使经验得到更好的概括,使思维得以快速发展,伴随着思维内容的注入及思维逻辑的不断成熟,促使了语言符号系统的产生。从中可以推断出,没有人类的实践活动,既不会产生人类的思维活动,也不会产生人类的语言系统。

思维与语言的关系表现为既有联系又有区别。思维与语言的联系表现为二者的相互依存,首先,语言依存于思维,语言是思维活动的产物。语言作为一种符号系统,其主要构成成分包括词汇和语法规则。词汇除了具有发音、书写形式等物质形态外,更主要的是它的意义,即词汇所代表的具体事物内容。词汇的意义不是词汇本身所具有的,而是人们所赋予的,它来自于人们实践活动中的经验与思考。思维的内容不同,用来表达它的词汇就不同,可见,词汇之所以可以表达不同的意义,是因为人们赋予了它不同的思维内容。语法规则主要是把一种语言符号系统中的词汇按照某种逻辑组织起来,进而表达某种思想,这种逻辑指的就是人们的思维逻辑,是人们在实践活动中形成的一种固定的、习惯化的、约定俗成的交流与沟通方式,它体现了人们对事物认识及理解的方式和习惯。人们的思维逻辑不同,所形成的语法规则就不同,进而所形成的语言系统就不同。无论是从语言的词汇意义的获得还是从语法规则的形成,都可以看出语言是依存于思维的。其次,思维也依存于语言,语言是思维的工具。思维是大脑内部经验的一种抽象加工活动,这些经验的存在形式主要是以某种语言符号系统为载体,对经验的加工就是对语言符号的加工,因此思维操作的实现主要是依靠语言来进行的。例如,儿童在做游戏或是思考问题时,常有自言自语的表现,这种自言自语所反应的就是其大脑内部的思维活动。成人在思考或是解决问题中不论是出声言语还是内部言语,都体现了思维活动必须借助语言来实现。同时,语言是抽象思维活动得以物质化表现最合适的形式和手段,相比于表情、动作等形式,语言对思维内容的表达更直接、更简洁、也更准确,人们可以利用书面语言表达思想、传承文化,可以利用口头语言交流想法,传递经验。可见,无论是从思维活动的加工上还是从思维内容的表达上,思维都依存于语言。

思维与语言的区别主要表现为以下几个方面:首先,二者的基本构成成分不同。语言的基本成分是词汇,人们利用词汇来表达思想,交流想法;思维的基本成分是概念,人们利用概念来进行判断与推理,并进行论证。词汇与概念之间具有复杂的关系,概念用词汇来表达,但不是所有的词汇都表达概念,同时同一个词汇可以表达不同的概念,同一概念也可以用不同的词汇来表达。其次,二者与客观事物的关系不同。思维与客观事物之间是反映与被反映的关系,事物的本质特征与规律只有通过思维活动才能被反映到人脑当中,这是一种本质的、必然的联系;语言与客观事物之间是标志与被标志的关系,事物及其属性可以用不同的语言来表示,其间没有必然的联系。再次,二者的本质特征不同。思维是人脑对客观事物概括的、间接的反映,通过思维活动人们获得了对客观事物本质属性及规律的认识,这是一种非常重要的心理现象;语言是人们在实践活动中所使用的一种符号系统,是人们用来交流与思维的工具,因此语言只是一种社会现象。最后,二者的使用范围不同。全人类思维活动的进行及其规律都是一样的,都表现为从具体到抽象、从感性上升到理性,因此具有全人类性,应用范围广阔;而不同民族的语言构成及规则是不同的,具有很强的民族性,相比于思维,语言的应用范围要小很多。

思维体现:思维的分类

实际生活中,由于人们从事的实践活动不同,所遇到的问题及在解决问题时所进行的思维都有所不同,因此思维会以不同的形式表现出来,根据不同的划分标准,可以把思维分为不同的种类。

动作思维、形象思维、抽象思维。这是根据思维进行时是以什么为中介物进行的划分。动作思维就是以实际动作为支柱的思维,这时人们所面临的问题往往具有直观性,问题的解决主要依赖于一些实际动作的执行和展开,思维运行的是否顺畅,就在于大脑对于各种动作的组织和协调,此时各种动作的有序运行就是良好思维的体现。动作思维在人的心理发展中是最早产生的思维形式,3岁之前婴儿的思维基本上都属于动作思维。此时的婴儿还没有正式参与人类的社会实践,大脑中所获得的经验还很少,同时认知还没有得到充分的发展,因此在实际生活中他们更多的是借助于具体的动作来思考和解决问题。例如当他们骑在椅子上,双手把着椅背时,或是把一根木棍骑在双腿之间时,他们就会想到开飞机、开汽车、骑大马等事情,此时他们大脑中所想到的事情都是借助于"骑"这个动作所引发的,如果没有这个动作,他们就不会想到这些事情。儿童能把一个玩具拆解开,却很少能把它再重新组装起来,原因就是儿童在进行思维活动时,不会像成人一样在具体操作之前事先计划好,然后按照思维的步骤进行操作,他们是在行动中进行思考的,动作走到哪,思维就跟到哪,动作停了,思维也就停了,因此,婴儿的思维是典型的动作思维。对于成人来说,这种典型的动作思维很少,但有些时候也会有动作思维的表现,当遇到一些具体的直观问题时,人们也必须使用动作思维来进行具体操作以获得问题的解决。但更多的时候,人们是利用动作作为思维的辅助,以帮助人们的抽象思维得以顺利进行。不难理解为什么有些人在思考问题时总会有一些小动作相伴随,这就是一种非典型意义的动作思维。

形象思维就是利用具体的事物形象和相关表象来进行的思维活动。这种思维的基本材料是有关各种事物的表象,是利用表象来进行具体的思维操作,以帮助人们解决各种具体的问题。无论是幼儿还是成人,这种思维形式都有所体现,只不过在幼儿身上表现得更加明显。例如幼儿对于数学运算法则的理解,就是在具体事物形象的支撑下而完成的,如果没有具体事物形象的支持,幼儿很难理解这些运算规则。此时他们脑中加工的不是抽象的数字,而是与数字相对应的具体事物形象,通过对这些形象的操作来过渡到对抽象运算法则的理解。成人的思维操作主要是以概念来进行,但在解决一些比较直观形象的问题或是比较复杂的问题时,借助于具体形象的帮助还是有利于问题解决的,尤其是对于那些从事艺术创作、导演、工程师、设计师等人来说,形象思维更是不可或缺。学生即使学的都是一些抽象的间接的知识经验,但在学习过程中也不能缺少形象思维的帮助。

抽象思维就是利用抽象的符号来进行的思维活动。这种思维的典型特点就是以概念为基础,通过概念来进行判断和推理、论证,进而达到对事物的理解和认识。即便是在解决一些具体问题时,也要求人们对于问题所涉及的各种概念能充分理解,并能概括出概念之间的各种抽象关系,否则就难以解决问题。抽象思维是人类特有的一种高级思维形式,它的产生和发展有赖于知识经验的积累,认知水平的提高和完善,一般只有成长到青年晚期,抽象思维才达到成熟水平。

在个体成长过程中,最先发展起来的是动作思维,然后是形象思维,最晚发展起来的是抽象思维。但对于成人来说,这三种思维形式都是不可或缺的,都在人们的心理生活中发挥着重要的作用。

聚合思维和发散思维。这是根据思维活动探求问题的方向及所要问题答案的多少进行的划分。聚合思维就是探求问题的方向只有一个,所要获得的答案也只有一个,此时要求人们把思维聚拢,朝一个方向努力,以求得正确的答案,使问题得到最好的解决,因此这种思维也被称作求同思维。日常生活中,人们所遇到的需要解决的问题,更多的是要寻求一个正确的答案,而不是寻求多种答案,因此所使用的都是聚合思维。例如证明一道几何题,就是要根据目标要求通过聚合思维把各种条件聚拢,朝一个方向努力,最终使目标得以实现,其间缺少任何一个条件,问题都无法得到解决。可见,聚合思维是在固有的思维模式上,依靠已有经验进行的一种有方向、有范围、有条理的思维形式。

发散思维就是探求问题的方向不止一个,所要获得的答案也不止一个,此时要求人们把思维发散开,朝多个方向去努力,获得更多的答案,因此这种思维也被称作求异思维。发散思维的主要特点就是求异和创新,它并不是人们日常生活中经常使用的思维形式,它更多的时候是表现在人们所从事的一些创造性工作或是某种技术革新当中。发散思维的水平往往代表了创造性思维的水平,因为这是一种没有固定方向和范围,不拘泥于传统,由已知探索未知的思维,思维发散得越开,获得的答案越多,思维的创造性就越高。

常规思维与创造思维。这是根据思维活动进行时主动性的多少及思维产品的创造性程度进行的划分。常规思维就是人们利用过去已经获得的知识经验,按照习惯的思维方式来思考和解决问题的思维。日常生活中,人们所从事的工作很多都属于一种常规性工作,工作中遇到的问题多属于重复性的或是基本相似的,由于已经成功解决过多次,因此便容易形成对于此类问题或是相似问题习惯化的思维方式,今后只要遇到这些问题,根本不用再进行思考,已经形成的习惯化的思维方式就会自动运行来对问题进行处理和解决,这就是常规思维形成的机制。生活中绝大多数人都有常规思维,它一旦形成就会变得很顽固,非常不容易被打破,这也就是为什么很多人回答不好"脑筋急转弯"问题的缘故,因为我们都被带入到了常规思维自身的陷阱里。在常规思维中,个体的思维主动性较少,更多的是一种被动性,同时它也没有创造出什么新的思维产品,因此很容易形成思维的惰性,进而阻碍个体灵活地解决问题,但对于解决那些重复性的或是基本结构相似的问题还是有一定的积极作用。

创造思维就是人们根据活动任务的要求对已有经验进行重新改组和加工,提出某种新的问题解决方案或程序,并在活动中有新的思维产品产生的思维活动。创造思维并不是普通大众的主流思维,它更多的是属于那些从事具有创造性和开创性工作的个体,例如科学家的发明创造、作家的新作品构思、理论工作者的新理论创见等等,因为在他们的工作中所要解决的问题都是一些新问题,此时并没有现成的方案可以使用,因此必须积极地进行思维活动,找到具有创造性的方法,进而实现问题的解决。创造思维是人类思维的高级形式,体现了人类智慧的升华,正是因为人类具有创造思维,人类才能战胜自然,带动技术进步,促进社会发展,推动文明进程。

分析思维与直觉思维。这是根据思维活动进行时是否有严密的逻辑步骤和明晰的意识来进行的划分。分析思维就是人们在解决问题时,能够根据问题的条件和目标要求,进行详细的分析,然后按照程序进行逐步推导,严密论证,最后得出正确的答案。这种思维的特点就是步骤清晰、环环相扣、严格符合思维的逻辑规律。

直觉思维是当人们面临某些新问题时,能够迅速对问题做出判断并找出合理的思路甚至正确的答案。与其说直觉思维是一种思维活动,还不如说它是一种思维的顿悟,因为在这个过程中,个体可能根本没有对问题进行理解,更谈不上对问题的分析,就是一种直接的突然的领悟,个体也说不清楚是如何实现的。尽管直觉思维看起来似乎很神秘,但实际上它也是一种正常的思维表现,它更多的时候是由于个体长时间对某个问题进行思考或是长期从事某类问题的研究,对该领域的知识达到了一种融会贯通的地步,因此在某种刺激的作用下,才能一下子省略掉中间的思维过程而直接指向问题的答案,这是一种长期积累的结果,其基础是艰苦的劳动,而不是什么偶然的运气。

思维评价:思维的品质

生活中,不同的人在思考问题和解决问题过程中会有不同的思维表现,这些思维的不同也影响到了最终的问题解决效果,由此可以看出思维活动是有优劣之分的,那么如何去评价一个人的思维是好还是不好,良好的思维又有哪些表现呢?这就是思维品质的问题,一个人的思维活动好与不好主要是通过思维的品质体现出来,良好的思维品质主要体现在以下几个方面:

思维的广阔性与深刻性。广阔性是指个体在思考问题时对问题考虑全面,思路广泛,能够把问题所涉及的各种条件都加以分析,并把握彼此之间的联系与关系。思维的广阔性是一个人知识经验丰富性的体现,同时也是思维方式周密性的体现。知识经验丰富才能为思维提供素材,才能在各种事物之间建立起复杂的联系,才容易在复杂的联系中得到启示,进而在多样的思路中选择出最合理的解决办法;思维方式周密体现了一个人对问题的全面把握程度和心思缜密的人格特征。

深刻性是指个体在思考问题时不仅仅停留在问题的表面,被一些表面的信息所迷惑,而是能够透过现象看到本质,对问题进行深入的思考和钻研。通过思维的深刻思考才能很好地区分问题的本质与非本质特征,才能抓住问题的主要矛盾,才能让问题解决符合事物发展的规律。良好的思维既要具有广阔性,又要具有深刻性,广阔性可以使人广开思路,深刻性可以使人深挖本质,二者是相辅相成的,偏颇于任一方面都不是良好思维品质的表现。

思维的独立性与批判性。独立性是指个体在思考和解决问题时能够独立自主地展开自己的思维活动,独立地去发现问题解决的办法,其间不受别人的暗示和影响,更不喜欢依赖别人所提供的现成思路或结论。思维的独立性体现了一个人对自身思维能力的自信程度,自信程度高的个体由于相信自己的能力,因此在面对问题时能够主动地展开思维活动;自信程度低的个体由于对自身的能力持怀疑的态度,因此在面对问题时往往不相信自己可以独立解决,更愿意相信别人的结论。这种思维品质的长期发展就会形成一个人在理智方面的人格品质,而人格品质形成后又会强烈制约个体在思维上的表现。

批判性是指个体在思考和解决问题时不轻易相信别人的思想和接受别人的结论，尤其是对所谓专家和权威的更是如此，对他来说，一种思想是否可以被相信，一种结论是否可以被接受，必须要通过自己的思考后才能做出决定。批判性思维反映了一个人的思维主见性，而不是一种简单的拿来主义。这种批判性的思维，可以帮助个体去识别真伪，并在此基础上去吸取别人的思维长处，而剔除其思维的短处，同时也可以帮助个体对自己的思维进行严格的检查，缜密的验证，从而避免做出错误的结论。对于个体来说，思维的独立性表现较早，而批判性表现较晚，一般要到高中阶段后期才有充分体现。

思维的敏捷性与灵活性。敏捷性是指个体在思考和解决问题时思路来得快，表现为解决问题迅速，做出决定当机立断，决不拖泥带水。这种敏捷性的思维往往是高智商的表现，主要来自于一个人的遗传，很难在后天当中通过训练得到提高和发展。思维的敏捷对于学生来说可以提高其学习的效率，对于身处险境的人来说可以使其急中生智，从而化险为夷。

灵活性是指个体在思考和解决问题时能够根据情境的变化和条件的改变随时调整自己的思路，甚至推翻既定的思路和决定。这种思维的灵活性主要表现为思路灵活，不固执己见，善于随机应变。生活中很多问题的解决都不是一成不变的，它会受到各种因素的影响而发生变化，这就要求我们要善于审时度势，随时根据客观条件的变化而及时灵活地调整思路，这样才能有效地避免错误的发生，保证问题的正确解决。如果已经意识到了情境的改变，预见到先前的思路很有可能不再适用，但就是不愿放弃而做出调整，仍是一意孤行，这样不但会使问题得不到解决，而且也充分体现了一个人思维的死板与不灵活。思维的敏捷性与灵活性都反映了思维的快速，但二者所反映的品质是不同的，敏捷性反映的是个体的聪明品质，灵活性反映的是个体的应变品质。

思维的逻辑性与创造性。逻辑性是指个体在思考和解决问题时具有清晰的思路，清楚的条理，层次分明的推理，充分的论证，证据确凿的结论，整个思维活动都严格符合逻辑规律。一个人的思维是否具有逻辑性，可以通过他的谈话或是写作看出来，逻辑性好的个体在谈话和写作时，能够做到论点突出、论据清晰充分、论证严密,让人听完或是读完后能够清楚地知道他所要表达的是什么;相反,逻辑性不好的个体在谈话和写作时,主题不突出、论据前后矛盾,表达上废话较多,跳跃性较大,使人听完或读完后不知所云,不知道他要表达的到底是什么。

创造性是指个体在思考和解决问题时不单纯拘泥于传统,更善于求异和创新,体现出思维的变通、新颖和独创。这种创造性表现在个体善于利用旧有的知识和经验去改造新的知识和经验,使其获得新意;在解决具体问题时表现为对知识的融会贯通,善于发现新的和简洁的方法来解决问题。思维的逻辑性和创造性并不是矛盾的,二者相互融合、彼此作用,严密的逻辑性本身就蕴含了一定的创造性,例如阿凡提故事中"种金子"的案例就充分说明了严密的思维逻辑性所产生的思维创造性。

思维操作:思维的过程

思维作为一种高级认识活动,实现了对客观事物本质属性和规律性联系的揭示,使人的认识由感性上升到理性,这一过程的实现是通过个体大脑内部复杂的思维操作来实现的,思维的具体操作过程主要包括以下几个方面:

分析与综合。分析就是通过对事物整体进行拆解来实现对事物认识的一种思维活动。任何一个事物都不是由一种单一属性所构成,而是由多种属性所构成的一个整体,不同的属性按照不同的结合方式所构成的整体会不同,即便是相同的属性,如果结合方式不同也会构成不同的整体。很多时候,我们要想实现对事物的整体认识,就必须知道构成该事物整体的属性都有哪些,它们彼此之间的关系是如何的,这就需要对事物整体进行拆分,通过拆分了解到事物的构成属性及其之间的相互关系,这就是思维的分析过程。分析就是把一个事物整体分解为各个部分和各种属性,例如学习外语时,把一个复合句分为几个简单句,再把简单句分成不同的句子成分;学习语文课文时,把文章分成段,由段到句子,由句子到词,这些都是利用分析来实现对知识的学习过程。个体在对具体问题进行分析时,一般会采用两种分析形式:过滤式分析与综合式分析。过滤式分析是个体在对问题没有进行充分分析的条件下,采取的一种试误并逐步排除的方式;综合式分析是个体能够把问题的条件与目标相结合进行深入的分析，并通过分析揭示出条件与目标的内在联系来发现问题解决的方向。大多数人在进行分析时，一般都是先习惯于过滤式分析，在实在解决不了的情况下才会回过头来进行综合式分析。

综合就是通过把事物的相关属性、特征、部分等进行整合来实现对事物整体认识的一种思维活动。一个事物是由多种属性和特征构成的，这些属性和特征的关系不同，其内部构成机制就不同，因此所构成的事物整体也不同。有时候我们仅仅了解了事物的构成属性和特征还不够，还需要知道它们的构成关系是如何的，不同的构成关系其整体意义又是什么，这就需要利用思维的综合来实现。例如语文学习中需要综合不同段落的段意来获得文章的中心思想，英语学习中需要综合不同简单句的构成关系及意思来理解由它们所构成的复合句的含义，都是思维综合的表现。综合一般有两种形式：联想式综合与创造式综合。联想式综合就是借助于联想活动把事物的相关属性或特征进行自然的结合，例如东西脏了用水洗，衣服破了用线缝等；创造式综合是在彼此相差很远或是根本无关的事物属性之间建立起一种新的联系和关系，例如用手指甲去拧螺丝，用砖头去写字等。联想式综合更像是一种生活经验，创造式综合则是一种智力创造。

分析与综合是同一思维过程中彼此相反而又紧密联系的两个方面，分析是综合的基础，综合是分析的目的。只有分析没有综合，只能是见树不见林，难以把握事物整体；只有综合没有分析，只能是见林不见树，是对整体的一种笼统和空洞的认识。正如恩格斯的论述："思维既把相互联系的要素联合成为一个统一体，同样也把对象分解为它们的要素，没有分析就没有综合。"任何一种思维活动既要分析，也要综合。

比较与归类。比较是对事物的异同及其关系进行辨别和确认的一种思维活动。客观世界是由不同的事物来组成，这些不同的事物各有其自身不同的属性和特征，同时，不同的事物之间又存在着很多相似性。对于每个个体来说，是不是能清楚地看到事物之间的不同，并对相似性进行有效的区分，这是一个非常重要的问题。好在人类的认识有比较这一思维过程，通过比较我们就能很好地把握事物的不同，精确地区分事物的相似，进而实现对客观事物的正确认知。比较有两个前提：一是进行比较的事物之间必须有联系，即二者之间有可比性，"风马牛不相及"的事物硬放在一起比较,不但比较不出什么结果,反而会造成认识上的混乱;二是比较时必须标准同一,只有在同一标准下才能进行比较,标准不同就没有办法进行比较,例如比较两个人的记忆,要么比较谁记得快,要么比较谁记得准,不能拿一个人的快去和另一个人的准去比较,此时不但不能比,也比不出什么结果来,可见标准的同一是比较的必备前提。人们常说有比较才有鉴别,通过比较可以使人们对事物的异同进行充分的权衡和考虑,选择正确的行动方向,做出正确的行动决定。生活中我们每个人都无时不在进行着比较活动,至于像黑格尔所说的能够看出事物之间的同中之异或是异中之同,那是一种更高水平的比较。

分类是根据比较所获得的事物的异同点来对事物进行分类组织和认识的一种思维活动。客观世界中的事物尽管纷繁复杂,但它们的存在绝不是孤立的,更不是杂乱无章的,它们是按照某种规则来组织和存在,通过规则明确了事物的等级关系及其类属关系。只要我们能够把握这些规则,就能实现对纷繁复杂世界的清晰认识。在人的认识中,思维的分类活动主要就是从事此项工作。个体很早就开始发展这一思维能力,并随着心理的发展不断发展和完善。由于分类能力的存在,个体能够清楚地把握事物的种属关系,对客观世界形成条理化和系统化的认识。如果不具备分类能力,人的认知就会被复杂的世界所压垮。

抽象与概括。抽象是把事物的非本质属性和本质属性区分开的思维活动。事物的构成包括非本质属性和本质属性,很多不同的事物在非本质属性上是相似的甚至是完全相同的,但使它们成为不同的事物是由本质属性来决定的。我们在认识事物时不能简单地根据事物的非本质属性相似或相同就把它们当作同一事物来对待,而要透过表面看到实质,把事物的非本质属性和本质属性有效地区分开。完成这一任务的思维活动被称作抽象,即把隐含在事物内部的起决定作用的本质属性加以抽取,并以某种概念形式表达出来。抽象活动的完成,才使人的认识由感性上升到理性。

概括就是把抽象出来的事物本质属性向同类事物推广的思维活动。人们对于事物本质属性的抽取不能是在穷尽所有同类事物的基础上来完成,往往只是通过少数几个事物来进行的抽象,这时适用抽象出来的本质属性的事物是极其有限的,因此要想认识更多的同类事物,就需要把抽象出来的事物本质属性向具有这一属性的事物进行推广,通过推过来认识更多的事物,不断扩大我们的认识范围。例如当我们掌握了水果概念的本质属性后,就可以根据这一本质属性去认识更多的我们可能没有见过和吃过的水果,这一认识活动就是思维的概括。概括分为感性概括和科学概括,感性概括是把事物的感性特征当作本质特征来进行的概括,因此这种概括不一定是正确的,这一现象经常发生在儿童身上,例如他们认为"会飞"就是鸟;科学概括是根据事物的本质特征来进行的概括,个体通过学习所获得的各种公式、定理、法则等科学知识都属于科学的概括。

系统化与具体化。系统化是在概括的基础上把知识经验进行科学排列形成知识体系的一种思维活动。我们所学习的任一门科学知识都包括很多概念、原理、理论及数不清的知识点,这些知识之间不是孤立存在,而是有一定的内在联系和结构,但这种内在联系和结构不是我们随着知识的学习而自动形成的,它需要我们对知识进行整理和分析,去发现这种内在联系和结构,这种思维过程就被称作系统化。经过系统化的思维加工,知识才能成为一个整体,才能在大脑中进行结构化的存储,也只有这种知识才能更好地进行迁移和使用。对于个体来说,如果没有系统化或是不能进行系统化,那么所获得的知识在脑中就是一堆大杂烩,不但无法存储,更不能被有效利用。

具体化就是把抽象和概括所获得的原理、理论返回到实际去解决具体问题的思维活动。我们学得的知识就是为了应用,就是为了能够解决各种实际问题,如果达不到这一点,那么我们所学的知识就是无用的,就是在大脑中存在的一种"形而上"的东西,这样的学习就是一种"形式主义"的学习。要想把学得的知识应用于实际,就必须通过思维的具体化来实现。在这种具体化过程中既要分析实际问题的条件和要求,又要分析大脑中相关知识的应用条件,在二者实现有机匹配的情况下才能有效地使用知识,缺少任何一个方面的分析,知识的应用都有可能是胡乱的应用或是错误的应用。可见,思维的具体化并不是一种简单的知识提取过程,而需要思维的认真分析和加工,才能正确地加以完成。通过具体化过程,人们不但解决了实际问题,同时也使知识得到了加深和巩固。

以上这些思维操作可以被统称为思维的过程,其中分析与综合是最基本的操作,其他操作都是在分析与综合的基础上派生出来的,从本质上来说它们也都是某种分析与综合。个体在对事物进行认识和对问题进行解决时,不一定都需要这些思维操作的参与,情境不同,所需要的思维操作就会不同。但对于人的认识活动来说,这些思维操作是共通的,只要进行思维活动,这些操作都是必不可少的,否则思维就无法进行,这可以被看作是思维运行的基本机制。

思维应用:问题的解决

人的思维活动是因为问题而展开的,是为解决问题而存在的,从实践和生活中发现问题到问题最终解决,人始终不停地在进行着思维活动,因此,问题解决的过程所体现的就是一种具体的思维过程,与问题解决相关的思维活动主要表现为以下一些内容。

问题与问题解决。解决问题的前提是得有问题,究竟什么是问题,心理学上的理解与日常生活中人们的理解有所不同。生活中人们把所有的阻碍、矛盾、疑难等都称为问题,而心理学上是把那些不能直接用已有知识处理,但可以间接用已有知识进行处理的疑难情境称为问题。两种理解的主要区别就在于运用知识过程中是否进行了思维的成功操作,能够直接用已有知识处理的疑难情境涉及的是记忆问题,仅仅是知识的提取而没有思维的操作;利用已有知识怎么也处理不了的疑难情境,尽管有思维操作但没有成功解决,因此还处于学习阶段,不应把它称作问题。现代认知心理学认为问题是指在给定的信息和目标状态之间有某些障碍需要克服的情境。此问题定义认为问题必须具备三个成分:给定—问题的起始状态;目标—问题的目标状态;障碍—思维克服的因素。生活中我们会遇到各种各样的问题,心理学上按照不同的标准对问题的种类进行了大致的划分:一种划分为界定清晰和界定含糊的问题,这主要是根据问题的起始状态、目标状态是否界定清晰来划分;一种划分为对抗性和非对抗性的问题,这主要是根据在解决问题时是否有对手参与来划分;一种划分为语义丰富和语义贫乏的问题,这主要是根据解题者对所要解决问题相关知识的多少来划分。当然还有其他的划分标准,这里只是简单介绍几种。

问题解决就是根据问题的目标要求,对问题的给定条件进行一系列的思维操作,最终克服障碍使问题得以解决的过程。由于问题解决过程中大脑内部进行的思维操作是内隐的,因此研究者一直都想弄清楚其内部到底是如何进行操作的,以便揭示出问题解决的心理加工机制。历史上,美国教育心理学家桑代克利用"猫走迷笼"的实验得出结论认为,问题解决是由刺激情境与适当反应之间形成的联结构成,这种联结的形成通过尝试错误来实现;德国格式塔派心理学家苛勒通过"黑猩猩摘香蕉"实验得出结论认为,问题解决是对问题情境进行的一种完形过程,完形的完成通过顿悟来实现。可见,两种理论观点是截然相反的,而且研究者都把在动物身上所获得的结论直接推到了人身上,认为人与动物解决问题的机制是一样的,并都坚信自己的观点正确无疑。实际上,"试误说"与"顿悟说"都走入了一个极端,对于人来说,个体在解决问题时既有"试误"也有"顿悟",而且人一般先试图去顿悟问题,在无法顿悟的情况下才会去试误,即便是试误也是一种有目的的试误,而不是一种盲目的试误。

问题解决的思维过程。问题解决的思维过程不同于前面讲过的思维操作过程,思维操作过程是人类思维运行的机制,解决问题时必须要使用到这些机制,但它不必面面俱到,不是每一次问题解决都要把所有的思维操作用到,问题不同,所采用的思维操作就不同。因此,问题解决的思维过程是指从发现问题到问题解决的一系列心理加工阶段,在不同的加工阶段会使用到不同的思维操作。问题解决的思维过程一般包括四个阶段:

第一阶段是发现问题。问题是问题解决的前提,问题的产生源于人类的实践活动,在实践活动中遇到矛盾,产生疑惑,个体就会展开思维活动对矛盾和疑惑进行分析,并以某种明确的问题形式加以提出,这就是发现问题。能否发现问题取决于一个人思维是否活跃,勤于思考的人就容易发现问题,而思维的懒汉就不容易发现问题。发现问题的能力标志了一个人思维发展的水平,因此爱因斯坦认为发现问题比解决问题更重要。

第二阶段是明确问题。问题提出之后,要想使问题得到解决必须对其进行分析使之明确,所谓明确就是要弄清楚问题的条件及目标,核心是什么。这就要求个体对问题进行深入的分析和加工,从而体现出个体的思维操作能力。通过思维加工得以明确的问题,才能使人思路清晰,确定正确的问题解决方向,采取正确的问题解决方法。

第三阶段是提出假设。解决问题需要采用正确的方法,有些比较简单的问题,通过分析明确后,方法自然就获得了;但对于一些复杂困难的问题,即使问题明确了,但究竟采用什么方法来解决却仍是不能确定,此时就需要根据对问题的分析建立某种假设,即暂时确定的问题解决的方法或措施,至于其是否正确还有待于验证。因此,能否提出合理正确的假设是解决问题非常关键的一步,正确假设的提出一是依赖于对问题的分析,分析越透彻,假设就越有针对性;二是依赖于个体知识经验的丰富程度,知识经验越丰富,可供选择的备选方案就越多,从中挑选出正确假设的可能性就越大。

第四阶段是检验假设。假设是否正确,有待于检验,检验正确,问题得以解决,检验不正确,说明假设有问题,此时还需回过头来重新进行问题的分析和假设建立。检验假设有两种方式:一是实际检验,即把假设付诸实际行动,实际行动成功则假设正确,否则假设错误;二是思维检验,即在真正把假设付诸实际行动之前在头脑中对假设进行一系列严格的思维检验,感觉万无一失的情况下才敢把假设付诸实际行动。因为有些假设如果直接付诸实际行动可能会造成无法挽回的结果,例如作战方案、医疗方案等。

问题解决的四个阶段并不总是直线式的,对于简单问题是这样,对于那些复杂困难的问题可能需要多次甚至无数次的反复循环才能使问题得以解决。

问题解决的策略。解决问题需要对问题的给定条件进行分析,分析条件的应用范围及如何组织条件克服障碍以实现目标,此过程中个体是如何利用已有知识经验对问题进行思维操作就是问题解决的思维策略问题。解决问题时有策略还是没有策略,有了策略是否科学,都将直接影响到问题的解决效率。一般来说,有策略时问题解决的效率肯定要比没有策略时高,策略科学时的效率肯定要比策略低劣时高,可见,解决问题时是否使用策略以及使用什么样的策略对于问题解决具有非常重要的影响。研究者通过研究给出了几种人们在解决问题时比较常用的策略。

一种策略叫作算法策略,这是通过对问题空间内所有可能的问题解决方法进行搜索,逐步排除直至找到正确方法来解决问题的策略。其中,每一种可能的问题解决方法就是一种算法,在这些算法中到底哪一种正确是不知道的,因此需要挨个进行尝试,然后逐步排除。有些问题是可以利用这种策略来解决的,比如密码箱问题。使用这种策略的优点是肯定能保证问题得到解决,缺点是低效、浪费时间。另外,算法策略使用时受一些条件的限制,首先必须是在知道算法的前提下才能使用,其次如果算法空间过于庞大,需要尝试的次数过多,一般也不会使用此种策略。

一种策略叫作启发式策略,这是个体根据经验对问题进行分析,在问题空间内进行较少的搜索以找到问题解决方法的策略。常用的启发式策略有以下几种:第一种是手段—目的分析,即通过对问题目标进行分解形成各级子目标,然后找到实现子目标的方法来实现子目标,通过一系列子目标的实现最终实现总目标。此种策略的好处就是通过对总目标进行分解,使其难度降低,这样针对每个小目标就更容易去解决,其核心思想就是分割包围,各个击破。第二种是逆向搜索,就是从问题的目标状态向起始状态进行搜索来找到通往起始状态通路的策略。正常情况下,解决问题都是从起始状态向目标状态进行努力,但如果实在找不到正确思路,不妨就来个反其道而行之,反而更容易使问题得到解决。我们在学习数学时所应用到的"反证法"就是一种逆向搜索策略。第三种是爬山法,就是通过采用某种途径或手段逐步降低问题起始状态与目标状态的距离以到达问题解决的策略。爬山法顾名思义就是把问题解决类比于爬山,爬山时需要选择合适的路径,每登一步时需要选择合适的落脚点,就这样一步步向上攀登,到达顶峰之时就是问题得以解决之时。在这个过程中思维所要做的就是选择合适的思路,选择正确的知识经验作为落脚点。

使用启发式策略解决问题的优点是省时省力,效率较高;缺点是不能保证问题肯定得到成功解决。

问题解决的心理影响因素。个体在解决问题时会受到很多因素的影响,其中心理因素的影响尤其复杂和重要,因为它直接影响到问题解决的效率。对问题解决具有重要影响的心理因素主要有以下几个方面:第一种是问题表征,就是问题解决者对于问题所给条件及目标要求的理解和组织方式。表征不同,会使问题的刺激模式与解决者头脑中的知识结构形成不同的差异。正确的表征会使二者之间的差异变小,问题就更容易解决;不正确的表征,就会加大二者之间的差异,问题解决起来就困难。例如"九点连线"问题,很多人就是因为进行了不正确的表征,导致无法完成问题。第二种是反应定势,是指由于某种心理操作的重复进行所引起的一种心理准备状态。这种心理准备状态一旦形成后,就会使人对同类或相似问题进行固定反应,进而影响到问题解决。如果问题确实是同类的,反应定势就会发挥积极的作用;如果问题表面看起来相似,其实质却是不同的,反应定势就会起消极作用。这就要求问题解决者要善于对问题进行区分,抓住问题实质,灵活发挥反应定势的积极作用,避免其消极的影响。第三种是功能固着,是指人们把某种功能赋予某种物体的心理倾向。每一种物体都有其本身的基本功能,这些基本功能是人最容易掌握和最先反应的,正是在这种情况下,个体的思维往往容易被物体的基本功能固定住,从而影响个体灵活使用物体去解决问题。例如火柴盒只能用来装火柴,而没有想到用来当支架;粉笔只能用来写字,没有想到用来当暗器等等。生活中很多时候我们不能灵活解决问题就是因为功能固着的缘故,要想灵活解决问题,我们必须学会功能变通。第四种是动机强度,即解决问题时的心理欲求水平。动机强度过高容易导致人紧张、焦虑,从而使人的认知受阻,影响到问题解决的效率和效果;动机强度过低使人的积极性难以被调动,认知活动也难以展开,同样不利于问题的解决。研究者指出,只有中等强度的动机强度才最有利于问题解决,此时的效率最高,效果最好。第五种是情绪状态,即解决问题时所处的情绪背景。日常经验告诉我们,情绪状态积极时头脑清醒,思维活跃,此时问题解决的效率高;情绪状态消极时,头脑不清,思维混乱,此时问题解决的效率低。因此,保持和营造一种和谐积极的情绪氛围,让自己或是别人处在一种积极的情绪状态下,对于学习和问题解决非常重要。第六种是人格因素,即个体自身的人格特点对于问题解决所产生的影响。无数成功的经验告诉我们,积极的人格特征如勤奋、自信、坚持性、进取性等都有利于问题解决;反之,消极的人格特征如懒惰、自卑、退缩动摇、不求上进等都不利于问题解决。

思维开发:创造性思维

关于思维的创造性,我们已经谈到两次,一是关于创造性思维的分类,二是关于思维的创造性品质。作为一种认识活动,我们为什么总要强调思维的创造性问题,难道思维缺少了创造性就没有存在的价值了吗?事情不是这样的,思维对于人类的认识活动来说非常重要,没有思维活动人就无法认识事物的本质和规律,人的认识就无法从感性上升到理性,思维在人类认识活动中的地位是不可或缺的。强调思维的创造性是和思维的功能密不可分的,思维是人们思考和解决问题的主要认识活动,对于很多人来说,在日常生活中所遇到和解决的问题都属于常规性问题,并不需要有什么创造性,但在每个人的内心却存在着某种创造性的欲望和冲动,并寻求机会能有所表现,至于那些从事创造性活动的人就更希望自己的思维具有创造性。因此希望自己的思维具有一定的创造性可以说是每个人心中都有的想法和愿望,例如教师希望自己的教学具有创造性,期望着培养出具有创造性的人才;学生希望自己能创造性地学习,培养起创新意识和创造性品质;科学家、工程师、艺术家、管理者、工人、农民等等各行业的从业者都希望在自己的行业中能创造性地工作,创造性地解决问题,产生具有创造性的产品。

创造性思维就是人们根据活动任务的要求对已有经验进行重新改组和加工,提出某种新的问题解决方案或程序,并在活动中有新的思维产品产生的思维活动。关于创造性思维的心理构成,研究者认为聚合思维和发散思维是其主要构成成分,尤其是发散思维更为重要,因为发散思维所具有的变通性、独特性、流畅性三个特征可以很好地代表创造性思维的行为特征,看一个人的思维是否具有创造性,主要就是看其在发散思维这三个特征上的表现。变通就是指思维灵活多变,能够举一反三、触类旁通;独特就是在每个思维方向上寻求的答案新颖独特、超乎寻常;流畅就是指思维的运行自然顺畅,观念产生迅速并且数量众多。这三个特征是紧密联系不可分的,流畅方能变通,变通产生独特。

创造性思维并非来自先天的遗传,很多研究已经证实高智商不一定有高创造性,但高创造性需有中等以上智商。可见,每个具有正常智商的人都可以让自己的思维具有创造性,关键在于自己是否处在一个具有创造性的环境之中,是否采取措施去开发自身所具有的创造性资源。研究认为,创造性思维不同于逻辑思维,并不是利用抽象符号按照严密逻辑进行推演的结果,它更多的是体现为非逻辑性、非符号性,具有直观形象、生动具体的特征。开发人的思维创造性,从大脑两半球来说,主要是开发大脑右半球的机能,因为大脑右半球主要掌管动作、形象、情绪、欣赏、审美、音乐等活动,同时大脑右半球又不是人的优势半球,因此与这些活动有关的大脑机能没有得到很好的开发和利用。现今的家长比较重视孩子的早期智力开发,很早就让孩子学习唱歌、弹琴、舞蹈、各种运动、绘画等,这与对大脑右半球的开发是不谋而合的,对孩子的创造性培养具有非常大的促进作用。除了早期开发之外,对于个体自身来说,创造性思维的拥有来自于勤奋与养成。勤奋表现为多读书、多学习,以此来丰富知识,扩大信息量,因为变通、独特、流畅的思维来自于人的信息积累,没有足够的信息量作为基础,创造性思维就会成为"无本之木"和"无源之水"。养成主要表现为创造性动机和创造性人格的养成,有了创造性动机,人才会有创造性地解决问题的动力,才会始终抱有好奇心去观察周围的事物并试图创造性地去思考和解决问题;创造性人格主要包括认识上的独立与洞察、兴趣广泛、有决心和恒心、不怕挑战、不拘泥于传统、善于吸取经验教训等,这些人格特征不是一朝一夕可以形成的,它在于创造性活动中的一点点养成。另外,对于创造性思维的开发和培养,环境的影响也极为重要,在家庭教育中父母开放民主、支持鼓励的教养方式有利于孩子创造性的培养;学校教育中应该放弃那种"唯分数"、"唯考试"的教育机制,真正把素质教育落到实处,解放孩子的大脑和身心,还以自由的空间和时间,这样才有利于孩子创造性的培养和发展。

第八章

注　意

什么是注意

通过前面对各种认识活动的阐述,我们知道人是通过认识过程来对世界进行反映和认识的,这些认识活动对于人来说不会自动发生,而是在某种刺激的作用下开始的。那么人是如何获知这些刺激,又如何对刺激加以识别而做出不同的反应? 这与一种重要的心理活动——注意——有关,所谓的注意就是指人的心理活动对一定对象的指向和集中。

注意是人的所有心理活动的开端,任何一种心理活动的开始都必须通过注意这道大门,大门打开了,信息才能进来并得到加工,某种心理活动也就开始了;大门未开,信息就进不来,没有信息作用心理活动也就无法开始,可见,注意就是我们心理的门户。对于任何客观刺激来说,只有被注意到了,它才会被人反映到,从而产生某种心理活动,如果没有被注意到,它就只是一种客观存在,对人没有任何意义。从这个意义上来说,人的认识活动是离不开注意的。

注意作为一种心理现象是我们非常熟悉的,因为它表现在人们所从事的各种活动当中,例如学生在课堂上的专心听讲、刑侦人员对案发现场的仔细观察、管理人员对突发问题的认真思考等等都是一种注意状态的表现。在这些注意状态中都表现出了心理活动对一定对象的指向和集中,学生指向和集中的是教师的讲课内容,刑侦人员指向和集中的是现场的痕迹与物证,管理人员指向和集中的是问题的实质和解决办法。尽管在这些活动中同时存在的刺激会有很多,但注意只是对一定对象的指向和集中,不是对所有对象的指向和集中,被指向和集中的事物就成为注意的对象,没有被指向和集中的事物要么处于注意的边缘,要么完全在注意的范围之外,成为注意对象的背景。

注意和感知觉、记忆、想象、思维这些认识活动不同,它本身不是一种独立的心理过程,也就是说注意不能单独完成对刺激的反映,它是伴随着其他心理过程而产生的,离开了其他心理过程,注意就失去了内容依托。大家不妨寻找一下,我们大脑里的哪些知识和经验是单独靠注意而获得的,结论很清楚,我们根本找不到这种知识和经验。但在日常生活中,我们说话时却似乎表明某些活动是单独由注意来完成的,例如"注意那个人"、"注意这种声音"等,实际上"注意那个人"是让你注意"看"那个人,"注意这种声音"是让你注意"听"这种声音,"看"和"听"是完成这些反映的心理活动,只不过由于人们说话的习惯将它们省略了而已。虽然省略了,我们也知道这些活动不是由注意来完成的,它就是一种伴随状态。脱离了其他心理过程,注意无从存在和表现。同时,其他心理过程的进行也离不开注意的伴随,例如荀子曾说:"心不在焉,则黑白在前而目不见,雷鼓在侧而耳不闻",之所以会出现黑白不分,雷鼓不闻的情况,原因就在于缺少注意的伴随,因而人的视觉和听觉都被限制住了。可见,任何一种心理过程的开始和进行都必须有注意的伴随,这是一个非常重要的前提条件,否则人就不能清晰地感知、准确地回忆、深入地思考、适当地表达情感以及正确地采取行动。

注意的两个基本特征从定义中可以反映出来,即指向性和集中性。指向性是指人的心理活动在每个瞬间有选择地朝向一定的对象。人在清醒状态下,在所从事的各种活动中,心理活动肯定会指向某个事物,不可能存在什么都不指向的情况,这正如人们常说的"不注意"不是指什么都没有注意,而是没有注意该注意的事物,而去注意了不该注意的事物。例如坐在同一教室里听同一老师讲课的不同学生,其注意的指向性会有所不同:有人真正指向了老师的讲课内容;有人指向了老师的穿着;有人指向了老师的发型;有人指向了其他同学的小动作;有人指向了窗外的风景;有人指向了有关自己的一段回忆等等。不管其指向性正确与否,但都是有所指向的。通过心理活动所指向的事物不同,我们就知道注意方向的不同,指向性不同,人从外界获得的信息也就不同。正如上面学生听课的例子,那些指向老师讲课内容的学生具有正确的注意指向性,因此获得了合适的信息,而那些没有指向老师讲课内容的学生不具有正确的注意指向性,因此获得了不合适的信息。学生在上课过程中由于存在如此多的注意指向,而且这些指向很多都是与听课活动不符的,因此需要教师不断地采取措施把学生的注意指向性真正引到授课内容上来,这样才能提高学生的听课质量,保证课堂教学的效果。集中性是指当心理活动指向某个对象后,就会在这个对象上把心理活动集中起来。通过这种心理活动的集中,可以保证对所指向的对象进行清晰鲜明的反映,同时抑制外界无关刺激的干扰,保障心理活动的顺畅进行。例如学生听课需要集中的注意、医生做手术需要集中的注意、工人操纵机器时需要集中的注意等等,在这些活动中,注意集中,活动就能顺畅高效地完成;否则就会使活动不能顺畅进行,甚至会发生严重的错误。

　　注意的指向性和集中性是注意状态不可分的两个方面,指向性是前提,只有注意指向了某个事物,才会有注意在上面的集中;集中性是表现,只有注意集中在某个事物上面,才知道注意指向了什么事物。指向性说明的是心理活动的具体活动方向,集中性说明的是心理活动在一定方向上活动的强度或紧张度。心理活动的强度越大,紧张度越高,说明注意越集中,而人在高度集中注意的时候,注意的指向范围就会缩小,使人真正进入到对外界刺激"视而不见,听而不闻"的境界。

　　注意虽然是人们比较熟悉的心理现象,那么到底有哪些表现说明人正处在注意当中呢? 注意发生的时候,个体会表现出一系列的反应:一是会有某些适应性动作的伴随,即当个体注意某个事物时,个体会不由自主地做出某种与注意相一致的动作反应,比如"举目凝视"、"侧耳倾听"、"噘嘴抽鼻"、"呆视"等;二是会出现对无关动作的抑制,即当注意力高度集中的时候,会自动地把一些动作抑制住,比如看电影看到情节紧张的时候,会自动把往嘴里送瓜子的手停在半空而不动,待情节过后才恢复;三是注意状态下个体会有一些生理的变化,比如呼吸发生变化,吸短呼长,甚至出现屏息,还有像心跳加速、手心出汗、牙关紧咬等。注意的这些外部表现可以作为观察注意的客观指标,但注意作为一种内部心理状态并不总是和外部表现一一对应的,甚至会出现相反的情况,比如"貌似注意"。因此,在实际生活中我们不能单纯依靠这些外部表现去判断一个人的注意状态,而应该结合多种表现仔细地去甄别,这样才能准确地把握一个人的注意状态。

心理门户:注意的功能

作为心理过程的一种伴随状态,注意的功能主要表现在以下几个方面:

选择功能。所谓选择功能就是指注意不停地从周围环境选择信息提供给大脑进行各种心理加工的活动,这是注意的最基本功能。人生活在环境当中,周围的环境每时每刻都会给人们提供大量的刺激信息,这些信息有的对人很重要,是完成某种活动所必需的;有的就不那么重要,甚至是毫无意义而干扰当前正在进行的某种活动。因此,在这种纷繁复杂的刺激环境当中,人要想正常地生活与工作,就必须能够对重要信息进行有效选择,对无关信息进行有效排除,这样才能使生活和工作的各种活动有效地开展和进行,否则,人们将无法生活和工作。例如学生在课堂上听讲时,同时存在的刺激就有很多,包括老师讲课的声音刺激、其他同学的小动作和说话刺激、教室的装饰刺激、窗外的一些声响和风景刺激、自己内心的某种情绪与回忆刺激等等。在这些刺激当中只有老师讲课的声音刺激是与当前正在进行的听课活动相符的,其他刺激都是分心刺激。作为学生要想听好课,就必须能够把老师讲课的声音刺激从众多的分心刺激中选择出来,这样才能使自己的听课活动有效地进行下去;反之,如果不能把重要的刺激选择出来,而总是被一些无关的分心刺激所干扰,那就没有办法让听课活动有效地进行下去,从而影响听课的质量,导致学习的低效率。可见,人在清醒状态下,每时每刻都在进行着注意的选择,通过这种选择打开心理的门户,把各种重要的必需的信息输送进去,从而开始各种心理活动。所以说选择功能是注意的最基本的功能,因为它关系到人的各种心理活动能否正常开展的问题。

保持功能。所谓保持功能就是指注意一直伴随着被选择的信息在某种心理加工的过程中进行加工操作,直到完成加工活动为止。经过注意选择的信息被输入大脑后,要想得到进一步的加工和处理,必须有注意的保持才能实现,否则这些信息会很快消失。前面已经讲过,注意是心理过程的一种伴随状态,各种心理过程必须有注意的伴随才能进行各种心理加工和操作,否则它们将无法开始工作。在这个过程中,注意就发挥了对信息的保持功能,使被选中的信息始终停留在某种心理加工过程中,这样大脑才能对信息进行各种心理加工活动。这种注意的保持表现为时间上的一种延续,直到完成行为动作,完成心理加工活动,达到目的为止。还是拿学生听课的例子来说,老师每讲一个知识点,学生要想把它记住、理解意义、与原有知识建立起联系以及当堂应用,要经历一系列的心理加工操作,其中包括知觉、记忆、思维等,而在这一系列的心理加工操作中始终有注意的伴随,通过这种伴随把同一知识点按照先后顺序分别保持在知觉系统、记忆系统、思维系统中得到加工处理,从而完成对这一知识点的学习。其间,无论在哪个系统中如果缺失了注意的伴随,知识点的保持都会受到影响,对其所进行的加工也就会受到影响,具体表现为知觉的不清晰、存储的不巩固、理解得不透彻、应用的不准确。注意的保持功能发挥得好不好会受到很多因素的影响,例如人从事活动时的目的是否明确长久,对活动的兴趣是否浓厚,是否具有良好的人格品质等。

监督和调节功能。所谓监督和调节功能就是指注意在个体行为活动和心理加工活动发生变化时所进行的监控和调整,这是注意最重要的功能。注意作为心理过程的一种伴随状态,不仅表现在稳定的、持续性的活动中,而且表现在活动的变化中。这种变化分为两种情况,一种情况与心理加工过程有关,一种情况与行为改变有关。当人们进行一种心理加工过程时,会涉及很多心理操作的参与,这些心理操作有时同时进行有时相继进行,不管哪种情况都涉及心理操作的转换和衔接问题,转换是否及时,衔接是否流畅,就在于注意的监督和调节。当人们完成了一种活动,需要开始一种新的活动,此时就要求人们能够把心理活动从一种活动转到另一种活动上去,在这种转变中注意起到了重要的监督和调节作用,个体只有在注意集中的状态下,才能有效完成活动的转变,并顺利地执行各种新的行为动作,完成各种新的任务。例如个体在学习和工作中由于马虎所出现的错误,就是因为在心理操作的转换和衔接时缺少注意的监督和调节而产生的;再比如体操运动员在完成一套体操动作时,在非常短的时间内需要很多动作的转换和衔接,此时就要求运动员注意力高度集中,这样才能更好地发挥注意的监督和调节功能,使每个单个动作都能够做到位并进行流畅的转换和衔接,从而保证高质量地完成一整套动作。在此过程中如果受到场外或是自身的一些分心刺激影响,注意的监督和调节功能就会丧失,动作的转换和衔接就会出现差错,进而导致整套动作的失败。

通过对以上注意三个功能的阐述可以看出,注意不是简单地选择信息就结束了,还要把选择的信息保持在某种心理加工过程中接受加工操作,并自始至终监督和调节心理加工操作和行为动作的执行和转换。它就是人们心理的门户,通过它才使人们的各种心理活动得以开始,并保证各种心理活动得以延续直至任务结束。

注意形式:注意的分类

根据注意产生时是否有预定目的以及注意维持过程中是否需要付出意志努力,可以把注意划分为无意注意、有意注意和有意后注意三种形式。

无意注意。无意注意也可以称作不随意注意,是指产生时没有预定目的并且不需要意志努力来维持的注意。无意注意表现为人们不由自主地对周围新刺激的指向和集中,它往往是在周围环境发生变化时,在某些刺激物的直接作用下,使人们把感官朝向刺激物并试图认识刺激物的注意活动。例如正在上课的学生对突然闯入者的注意就是一种无意注意,因为在这种情况下个体没有任何心理准备,注意的引起和维持不是靠明确的认识目的指引和意志努力的付出,而是完全取决于刺激物本身的性质。由于无意注意没有预定的目的和意志努力付出,因此是一种消极被动的注意,在这种注意活动中人的积极性水平较低,没有体现出人的主观能动性,不适合完成系统性较强的活动任务,但它却可以帮助人们随时对周围环境的变化进行监控,具有一定的生物适应意义。

引起无意注意的原因可以从客观和主观两个方面进行分析,客观原因主要与刺激物的特点有关,主观原因主要与个体的主观状态有关。

刺激物的特点,首先表现为刺激物的强度。一般来说周围环境中出现的强度比较大的刺激物容易引起人们的无意注意,比如巨大的声响、耀眼的强光、浓烈的气味等,由于其强度大在环境中显得比较突出,因此容易引起人们的注意。但对无意注意来说,起决定作用的往往不是刺激物的绝对强度,而是刺激物的相对强度,即刺激物强度与周围环境强度的对比。例如,白天与夜晚对楼上同一声音的注意会不同,在安静的课堂和吵闹的课堂对同一声音强度的教师授课也会有不同的注意。其次是刺激物的新异性。所谓新异性就是指刺激物异乎寻常的特性,人都有好奇心,因此那些对自己来说比较新异的刺激更容易引起注意。这包括对从未经历过的绝对新异刺激的注意,及对已经经历过的刺激又重新组合的相对新异刺激的注意。再次是刺激物的变动。一般来说运动的刺激物比静止的刺激物更容易引起人的注意,比如夜晚划过天空的流星、商家广告牌上流动的灯光、教师授课时抑扬顿挫的声音变化等。最后是刺激物的对比关系。刺激物与周围环境事物在各种物理特征上形成的鲜明对比是引起无意注意的最重要原因,例如"鹤立鸡群"、"万绿丛中一点红",从这个意义上看,前面几个特点都可以概括为刺激物的对比关系。

个体的主观状态,首先表现为自身的需要和兴趣。个体对那些能够满足自身需要的事物肯定会优先去注意,同时对自己感兴趣的事物也会优先去注意,但对于无意注意来说起主要作用的是直接兴趣,即对事物本身和活动过程本身的兴趣。其次是情绪和精神状态。个体在积极的情绪状态下要比情绪消极的时候更容易注意周围的刺激变化;同时在身体健康、精神饱满时要比在患病、疲劳等不良精神状态下更容易对周围的刺激变化加以注意,例如司机疲劳驾驶时就不容易注意路面上所发生的变化而容易出现事故。再次是个体的知识经验作用。个体对环境中出现的能够与自身的相关知识经验建立起联系的事物更容易去注意,而对那些个体一无所知的刺激物往往会加以忽略。例如读过某部小说的人在浏览杂志时会注意到有关这部小说的评论,而没有读过小说的人就不会注意该评论。

有意注意。有意注意也可以称作随意注意,是指产生时有预定目的并且需要意志努力来维持的注意。有意注意表现为人们主动地、有目的、有意识地把心理活动指向并集中在某种刺激物上,此时的注意服从于当前活动任务的需要,受人们意识的支配和调节,充分体现了人的主观能动性。因此,有意注意是一种积极主动的注意,比较适合完成系统性比较强的活动任务,例如学生在课堂上认真听讲的状态就是一种有意注意的表现。有意注意是伴随人类的生产实践活动产生并发展的,在人所从事的任何一种实践活动中,都包含了一些枯燥乏味,引不起兴趣的作业,此时要想完成实践任务,就必须善于把自己的注意有意识地保持和集中在这些作业上面,随着实践活动的深入,这种有意注意的能力也就随之形成并不断得到提高。可见,有意注意是人类所特有的注意形式,动物不具有有意注意,因为动物不参加生产实践活动,因此也就形成不了这种注意能力。同时,有意注意形成后,也就成为人们完成实践活动的必要条件。

有意注意的引起和维持可以由第二信号系统来实现,即在语词的作用下个体就能把注意指向和集中在一定的事物上,并开始一系列的活动,例如人们经常看到的"小心火车"、"严禁烟火"、"爱护花草"等文字提示,就是通过语词的刺激来引起人们的有意注意。同时,无论在有无干扰的情况下,保持和集中有意注意都是可能的,只不过此时需要个体采取一些措施来克服干扰,把注意保持和集中在活动任务所要求的事情上,因此,要想引起和维持有意注意也是需要一些条件的。

首先,活动的目的和任务是否明确对有意注意的引起和维持具有重要作用。如果活动的目的和任务明确,那么受目的和任务的指引,个体的有意注意就能很快产生并有效地指向和集中在与完成活动目的和任务相关的事物上,反之,个体将不知道该去注意什么事物。例如教师在讲授新内容之前安排学生预习作业就是让学生带着明确的目的和任务来听课,进而有效地调动学生的有意注意。其次,间接兴趣对于有意注意的引起和维持非常重要。间接兴趣不是指对于事物本身和活动过程本身的兴趣,而是指对活动结果的兴趣,这种兴趣的有无决定了有意注意能否产生并得到长时间的维持。对于成人的生活来说,人们之所以能够把注意长时间维持在自己不感兴趣的工作上,其主要原因在于间接兴趣的作用,因为此时人们看重的不是过程而是结果。如果人们总是按照自己的直接兴趣来做事,喜欢就做,不喜欢就不做,那他将无法得到成长和发展,最终也会一事无成。伴随人们年龄的增长,能够按照直接兴趣来做的事情会越来越少,而不得不按照间接兴趣来做的事情会越来越多,因此人越长大也就会感觉越累。但值得一提的是,如果在你的身上还有那么一两件可以按照直接兴趣去做的事,那你应该倍感珍惜。再次,对活动的组织也影响有意注意的引起和维持。人长时间按照一种方式来做事,势必会产生厌倦情绪和疲劳,此时注意的引起和维持就会出现困难,因此,在从事一些任务复杂、持续时间久的工作时,应该安排多样的活动方式,这样可以避免因为活动方式单调而引起的厌倦和疲劳,从而长时间保持有意注意。最后,个体的知识经验和人格也会影响有意注意的引起和维持。从事能够与已有知识经验建立起联系的工作易于有意注意的引起和维持,具有良好的人格品质可以帮助个体去有效抵制不良刺激的干扰,在需要时及时引起有意注意并使之得到维持。

有意后注意。有意后注意也可以称作随意后注意,它同时具有无意注意和有意注意的特点,即它是一种有目的的但又不需要意志努力维持的注意。有意后注意是在有意注意的基础上发展而来,即当人们长时间从事一项有目的的活动后,由于操作的熟练而可以非常自如地执行该项活动,而不必依靠意志努力来把注意维持在活动上,此时的有意注意就转化为有意后注意。例如人们刚学会骑自行车时,注意高度紧张和集中,而骑过多年之后,人们就可以轻松自如地骑行而没有了最初的紧张,原因就是此时的活动已经在有意后注意状态下执行。由于有意后注意有明确的目的而又不需要意志努力维持,因此它比较适合去完成那些长时间的持续性的活动任务,这样可以避免因长时间的意志努力维持而带来的疲劳感,从而长时间地有效开展工作。要想使有意注意尽快地转变为有意后注意,一方面是必须对所从事的工作进行反复操作,使之达到熟练的程度;另一方面要培养对所从事工作的直接兴趣,直接兴趣有了,人们才会乐在其中,进而在不知不觉中使有意注意转变为有意后注意。

无意注意可以帮助人们随时对周围环境所发生的变化进行监测,而且不容易产生疲劳,但不适合系统性较强活动任务的完成;有意注意适合系统性较强活动任务的完成,但时间久了容易产生疲劳。对于人们的实践活动来说,三种注意形式都是不可或缺的,关键是如何充分利用每种注意的规律来指导实践活动,并想办法使三种注意形式实现有机的转换。

注意品质：注意的评价

一个人注意力的好坏主要表现为其注意品质如何。良好的注意品质主要表现为以下几个方面：

注意的广度。注意的广度也叫注意的范围，是指人在同一时间内所能清楚地把握对象的数量。早在1830年有个叫汉密尔顿的人就通过简单的实验来检验人的注意广度，他在地上撒一把石子，然后让人们立刻报告石子的数量，结果发现人们很难同时看到6个以上的石子。1871年心理学家耶文斯做了类似的"撒黑豆实验"来检测人的注意广度，他在一块白盘子上撒一把黑豆，然后让被试报告盘子里黑豆的数量，结果发现：当盘子里有5个豆粒时，被试的估计就开始出现误差；豆粒在8~9个以内时，错误估计的次数在50%以下；超过8~9个时，错误估计的次数在50%以上；豆粒数量越多，估计的偏差范围越大，而且总是出现低估倾向。在现代心理学实验室内采用"速视器"给被试呈现印有黑点、数字、字母和图形的卡片，让被试在不超过1/10秒的时间内报告所看到的不同刺激的数量，研究表明：成人一般可以同时看到8~9个黑点，4~6个字母或数字，3~4个几何图形。

注意广度的大小受很多因素的影响。首先和知觉对象的特点有关，知觉对象集中，排列有规律，彼此之间能够成为相互联系的整体，注意的广度就大，反之，注意的广度就小。例如书籍的印刷就考虑到这一因素，采用颜色、大小相同的字体，设置相同的行间距与字间距，这样就很好地扩大了阅读者的注意广度，提高了阅读速度。其次，个体的活动任务与知识经验也会影响注意的广度。同一时间内，活动任务少时注意广度就大，活动任务多时注意广度就小，比如应用"速视器"研究注意广度的实验中，在呈现字母时，只让被试报告看到了多少个字母这样一个任务，被试可以同时看到4~6个字母。如果在这一任务基础上再增加一个看哪个字母写错了的任务，此时被试就很难再同时看到4~6个字母了。在某方面知识经验丰富的人要比知识经验贫乏的人的注意广度大，比如棋艺高的人要比棋艺低的人对整个棋局具有更大的注意广度、球技高的球员要比球技低的球员对整个赛场具有更大的注意广度。

每个人注意广度的大小都有所不同，但它却不是固定不可改变的，人们可以通过实践的锻炼使其得到提高。具有较大的注意广度也是某些行业人员所必需的，比如驾驶员、教师、乐队指挥、录入员等，对于他们来说，扩大注意广度可以很好地提高其工作效率。

注意的稳定性。注意的稳定性是指个体的注意在同一对象或活动上所能持续的时间。持续时间越长，注意越稳定，反之，注意越不稳定。稳定的注意并不是说注意在同一对象或活动上就固定不动，期间会有一系列的起伏波动，这被称作注意的起伏。注意的起伏具有周期性，它是一种不受人控制的个体感受性的变化过程，在注意起伏的正时相上感受性增强，在负时相上感受性降低。比如把一只手表放在耳边，对于秒针的走动声就是一会听得见，一会听不见，原因就是注意起伏的周期性影响。注意的起伏现象存在于人们所从事的任一项活动中，尽管注意的具体对象发生了变化，但只要注意的总体方向没有变，注意没有离开当前活动的总任务，注意就是稳定的。比如学生在完成作业过程中，有时要翻阅课本查看内容，有时要看听课笔记的记录，有时要进行演算，有时要凝神思考等，在此过程中注意的对象不断变化，但这些活动都是为完成作业服务的，所以从总体上看其注意是稳定的。但对于那些要求对信号做出迅速反应的活动中，考虑到注意的起伏影响就非常必要，比如百米比赛中，发令员的发令与运动员的反应之间就会受到注意起伏的影响。因此应该确定发令员预备指令与起跑指令之间合适的时间间隔。

注意的稳定性受主客观两方面因素的影响。客观因素主要与注意对象的特点和活动方式的组织有关，一般来说注意的稳定性程度是随注意对象复杂性的增加而提高的，但不能过于复杂，如果超出知觉者的理解范围，知觉者由于不能理解或是产生疲劳也会使注意稳定性下降；在一些持续时间比较长的复杂活动中，多样化的活动内容与方式有利于注意稳定性的保持。主观因素主要和个体对活动的态度以及意志力有关，对活动持积极、认真、负责的态度，整个活动期间就能保持较好的稳定注意，反之，如果持消极、应付的态度，就难以保持稳定的注意；具有坚强意志力的人能有效自控、坚持不懈，从而表现出良好的注意稳定性，反之，不能有效自控、动摇屈服，则注意稳定性就差。另外，个体在生病、疲劳、失眠等身体和精神状态欠佳时,注意的稳定性就不如身体和精神状态良好时保持得好。

同注意稳定性相反的状态是注意的分散,即注意受到无关刺激的干扰,离开了当前正在进行的活动。一般表现为两种形式,一种是受外界无关刺激吸引而产生的"浮动的注意"情况;一种是受个体内在某种状态的吸引而产生的"固着的注意"情况。前者的注意分散指向于外部,多表现在儿童身上;后者的注意分散指向于内部,多表现在成人身上。二者虽然都属于注意的分散,但对于不同的人来说具有不同的意义。对于司机、大型机器的操控员、飞行员来说,固着的注意分散可能更不利;而对于科学家、发明家来说,固着的注意分散可能就有利;对于学生来说,哪种注意分散都是不利的。注意分散的发生主要和个体的注意年龄特征有关,不同的年龄阶段,其注意稳定性保持的时间是不同的,研究表明:5~7 岁的儿童能聚精会神 15 分钟左右;7~10 岁的儿童可达 20 分钟;10~12 岁的儿童可达 25 分钟;高中生一般能坚持 30~45 分钟。克服注意分散的发生,除要尽量排除无关刺激的干扰外,最重要的是要有坚强的意志品质来抵制住无关刺激的诱惑。

注意的分配。注意的分配是指在同一时间把注意指向两种及以上对象或活动的注意品质。日常生活中人们常说"一心不可二用",意思就是说人在同一时间只能做一件事情,注意不可能分开来使用,毕竟人没有分身之术。那么到底可不可以"一心二用",很早就有人探讨过这个问题。南北朝时期北齐文学家刘昼曾举例"使左手画方,右手画圆,令一时俱成,虽执规矩之心,由心不两用",说明注意不能被分配使用;西方学者波尔哈姆则举例说"一边口诵一首熟悉的诗,一边手写另一首熟悉的诗,这是可以做到的",说明注意可以被分配使用。现在研究注意分配仍旧使用"双作业操作"方法,在实验室内可以利用"双手协调器"来进行演示和测定,其基本原理就是让人的注意在视觉和动觉之间分配使用。

通过实践的锻炼实现良好的注意分配是可能的,尽管人没有分身之术,但可以有分心之术,只要具备一定条件,注意就可以分配使用。如果同时执行两种活动,那么其中必须有一种活动是非常熟练的,这时才能在两种活动间实现注意的分配;两种活动都很生疏,注意分配起来就很困难。如果同时执行的几种活动间彼此相互关联,能够形成固定的反应系统,人就可以很轻易地在这些活动间来分配注意使几种活动得到同时执行,否则,分配注意就会很困难,几种活动也不能同时得到执行。比如很多演奏家可以边弹奏边演唱、老司机比新手司机驾驶更安全,原因都在于他们已经把各种活动形成有机的整体,因此分配注意就很容易。如果把注意同时分配在几种技能性活动上就相对容易,而把注意同时分配在几种智力性活动上就相对困难。

实际生活中很多时候要求人们必须"一心二用",分配使用注意是人们完成复杂工作任务的重要条件。比如司机必须有较强的注意分配能力,他要手握方向盘、脚踩油门与刹车、目视路面行人与车辆、观察各种交通标识,这些活动都需要在同一时间来执行,因此要求其在眼睛、手、脚之间形成良好的注意分配,否则就会在紧急情况下出现手忙脚乱的状况,进而引发交通事故。另外像教师、乐队指挥、飞行员、工人等也必须有较好的注意分配能力,否则工作就会受到影响。

注意的转移。注意的转移是指人根据新任务的需要,主动地改变注意对象。注意的转移可以在同一活动的不同对象间进行,也可以在不同的活动间进行,前者如学生完成作业时注意在课本、笔记、演草本、工具书之间的转移,后者如学生在课上和课下注意的转移。可见,在人类的生活与工作中,注意总是随着任务的改变而不断转移着。

每当注意转移一次之后,就会有一次新的注意分配,因为注意转移之后使注意的对象和背景发生了变化,因此需要新的注意分配。注意转移不同于注意分散,虽然二者都是注意的对象发生了变化,但二者的性质是不同的。注意转移是主动进行的,是根据活动任务的需要使一个对象合理地代替另一个对象,体现的是活动正常运行;注意分散是被动进行的,是要求在保持注意稳定的时候受无关刺激的吸引使一个对象不合理地代替另一个对象,体现的是活动运行受阻。

注意能否快速转移受以下几个因素影响:一是原有活动的注意紧张程度,原来活动上的注意紧张程度高,转移注意就困难,比如刚看完激烈的球赛后立刻开始学习,注意就不容易转移出来,基于此,教师在教学中就不宜于在课前批评学生、宣布考试成绩或是做一些与上课无关的事情;二是新对象的吸引程度,如果相比于前一对象,新对象是个体感兴趣的、能满足其需要的,注意转移就快速,否则就缓慢,比如让正在玩游戏的孩子去学习,他迟迟不动,而让正在学习的孩子去玩游戏,他转眼就消失;三是个体的自我控制能力,自控能力强的人善于主动及时地进行注意的转移,而自控能力弱的人则常常受情绪、兴趣左右,不能主动及时地转移注意。

　　注意转移对人们的日常生活和工作是一个非常重要的品质,对有些要求在短时间内对新刺激做出反应的工作来说,注意转移尤为重要,比如研究表明,飞机驾驶员在飞机起飞和降落的短短5～6分钟时间内需要注意转移200多次,如果达不到这一标准就不是一个合格的驾驶员,严重的还会酿成事故。对于一般人来说,一件工作结束后就需要开始另一件工作,或是在工作中发生了新情况需要及时去处理,这都需要及时地转移注意,否则工作就会受到影响。

　　注意的四个品质在不同人身上的表现是有差异的,每个人所擅长的会有所不同,但不管表现如何,这四个品质绝不是天生不可改变的,每个人都可以在实践中通过自身的努力去改善不良的品质,提高优良的品质,关键是对自身的注意品质应该有一个清晰的认识和客观的评价,这是改善和提高的前提。

第九章

情绪与情感

什么是情绪与情感

中国有句成语是"人非草木,孰能无情",这里面所说的"情"就是指人们的情绪和情感,具体表现如高兴与喜悦、悲伤与痛苦、害怕与恐惧、生气与愤怒、爱慕与钦佩、厌恶与憎恨等等。对于这些情绪情感,每个人在生活中都会经历到并有切身的体验,它们的变化反映了人们的生活境遇,表达了人们内心的感受,增添了人们生活的滋味,是人们心理生活中一道亮丽的风景线。那么,什么是情绪与情感呢?

情绪与情感的定义。心理学上对情绪与情感的定义是:人对客观事物是否符合个人需要而产生的态度体验。这个定义包含了三方面的意思:

首先,客观事物是情绪情感产生的刺激源。对于人来说,我们身上的任何一种情绪与情感都不是自发的,而是在某种客观事物的作用下引发的。例如,顺利实现某种目标会使人高兴喜悦、亲人的离去会让人悲伤痛苦、面对挑衅会使人愤怒、面临险境会使人产生恐惧、对于美好的事物人会产生爱慕之情、对于丑恶的现象人会产生憎恶之感等等。所有这些情绪情感的产生都是在某种刺激的作用下而引发的,是人们对客观事物所做出的一种心理应对,如果没有这些客观刺激,也就不会有任何一种情绪与情感的产生。这正如中国的一句俗语:"人没有无缘无故的爱,也没有无缘无故的恨",爱也好、恨也罢,作为一种情感其产生必定有缘故,而缘故就是某种事物或事件的作用。作为一个正常人,如果在没有任何客观刺激的作用下自发地一会儿笑、一会儿哭,那么其心理系统必定是出现了某种问题。人们的情绪与情感不但可以由多种多样的客观刺激所引发,而且还会随着客观刺激的改变而改变,情境不同人们的情绪情感就会不同。正如苏东坡在词中所描绘的那样"月有阴晴圆缺,人有悲欢离合"。所以,客观现实是情绪情感产生的源泉。

其次,需要是情绪情感产生的中介。情绪情感虽然是在客观刺激的作用下而引发的,但情绪情感的性质却不是由客观刺激所决定的,决定情绪情感性质的是客观刺激与人的需要之间的关系,关系不同,情绪情感就不同。例如同样是获得了 70 分的考试成绩,平时学习较差的学生会满意高兴,而平时学习优秀的学生则会不满意生气,原因就是同样的考试成绩与两个人的需要形成了不同的关系。一般来说,客观刺激与人的需要之间的关系表现为三种情况:一种是客观刺激与需要相符,即能满足人的某种需要,此时人会产生高兴、愉快、喜欢等积极正面的情绪情感;一种是客观刺激与需要不符,即不能满足人的某种需要,此时人就产生气愤、痛苦、怨恨等消极负面的情绪情感;一种是客观刺激与需要无关,此时人会对该刺激加以忽略,因此谈不上情绪情感的产生。生活中人们面对相同的客观刺激而有不同的情绪情感反应,就是以上三种情况在不同人身上的体现。客观刺激与人的需要复杂多变,导致了二者之间的关系也处于复杂多变之中,由此所引发的人的情绪情感也是复杂多变的,往往会使人陷入矛盾冲突的情绪情感反应中,例如"哭笑不得"、"悲喜交加"、"百感交集"、"喜极而泣"等,都是对这种矛盾冲突情绪情感的形象描述。

再次,态度体验是情绪情感产生的标志。情绪情感是否产生,关键在于是否对客观刺激形成了某种态度,内心是否产生了某种体验。态度不同,体验就会不同,所产生的情绪情感就不同。态度是人们对周围客观刺激所持有的一种稳定的、概括的思想意识倾向性,体验是一种带有特殊色彩的内心感受。态度并不必然伴有体验,它可以某种观念的形式存在于人们的意识之中,具有较大的时间延展性,而体验则是当前正在进行的生理或心理感受。当观念中的态度在某种刺激的作用下转变为现实的态度,并以某种生理或心理体验表现出来时,就标志着情绪情感产生了。

情绪与情感的关系。心理学对情绪与情感所下的定义是一个,但实际上情绪与情感并不是完全相同的,二者既有区别也有联系。情绪与情感的区别主要表现为以下几个方面:首先,情绪的产生与人的生物性需要相联系,其反映的是生物性需要是否得到满足,生物性需要包括饮食、御寒、避险、排泄、求生、繁殖等,当这些生物性需要得到满足,个体就会产生积极的正面的情绪体验,反之就会产生消极负面的情绪体验;情感的产生与人的社会性需要相联系,其反映的是社会性需要是否得到满足,社会性需要包括劳动、学习、交往、审美、奉献、创造等,当这些社会性需要得到满足,个体就会产生积极的正面的情感体验,反之就会产生消极负面的情感体验。其次,情绪出现在先,是人与动物共有的;情感出现在后,是人所特有的。由于情绪与人的生物性需要相联系,因此人一出生就有情绪表现,而且人的情绪就其内在生理机制及其外在表现来说很多都是和动物一样的,人与动物都有高兴、悲伤、愤怒、恐惧等情绪表现。但人与动物的情绪具有本质的区别,人的情绪内容、性质以及表达方式不仅仅受生物需要制约,同时还会受到社会需要制约,具有一定的社会性。由于情感与人的社会性需要相联系,因此人的情感是在个体成长到一定年龄阶段,能够把社会规范加以内化形成对周围事物稳定的态度后才能产生,而且只有人参加社会实践并在此基础上产生各种社会性需要,因此对于动物来说,只有人才有情感,动物不具有情感。不同的社会历史阶段,不同的社会阶级制度及等级下的人们可能会有相似的情绪体验,但绝不会有相同的情感体验。再次,情绪带有很强的情境性,具有冲动不稳定的特点,而情感不具有很强的情境性,具有内隐稳定的特点。情绪一般来得快,去得也快,其间带有明显的冲动行为,例如小孩子的"破涕为笑"、成人高兴时的"手舞足蹈"与生气时的"暴跳如雷"等都非常形象地说明了情绪的特点。情感是人对事物稳定的态度体验,一旦形成就不容易发生改变,例如很少有父母会因为孩子惹自己生气就将孩子扫地出门而丧失掉父母之爱。同时情感与人对事物的深刻认识联系在一起,其存在方式是内隐的、深刻的,表达方式不是冲动的而是微妙的,例如人们的爱国主义情感及男女之间的爱情都具有这一特点。

情绪与情感的联系表现为二者之间的相互依赖。首先情绪依赖于情感。虽然人的情绪出现在先,情感产生在后,但当人的情感建立之后,人的各种情绪表现及其变化一般都会受制于情感的影响。实际生活中,人们在学习、工作中对所接触的人或事具有什么样的情绪反应,关键在于自己对学习、工作所建立起的情感是如何的。例如一个热爱教育事业的教师,无论什么时候他(她)都会在学生面前表现出积极正面的情绪;相反,一个不热爱教育事业的教师,就有可能不分场合地在学生面前随意发泄消极负面的情绪。同时,稳定的情感会使个体在不同的情境下具有不同的情绪表现,例如一个具有强烈爱国主义情感的人会在自己的国家强盛时欢欣鼓舞、会在国家落后时焦虑担忧、会在国家受到挑衅时义愤填膺,这些不同的情绪反应都源于强烈的爱国主义情感。可见,情绪是情感的外在表现,情感是情绪的本质内容。其次,情感也依赖于情绪。情感的形成不是一朝一夕就可以完成的,而是在大量的情绪体验基础上一点点形成和发展起来的,比如孩子对母亲的依恋之情,就是在大量的哺乳、护理和游戏中所产生的情绪体验基础上逐渐形成和发展起来的,缺少这些具体的情绪体验,单凭血脉联系不足以产生亲子依恋。人们常说的"日久生情",说的就是情感的产生。同时,人的情感也必须通过各种情绪来得到表达和实现,离开具体的情绪,人的情感也就不能现实地存在。

情绪情感表现:情绪情感的特性

情绪发生时会有多种表现,这些表现有些是内部的生理表现,有些是外部的行为表现,它们共同构成了情绪的特性,是人们判断情绪性质的主要依据。

情绪的生理特性。情绪发生时,个体身体内部会出现一系列明显的生理变化,例如人在高兴激动时会感觉浑身发暖、面红心跳,在焦急恐惧时会感觉浑身发冷、口干冒汗,悲痛时的心脏紧缩、泪流不止,愤怒时的头脑发胀、肌肉紧绷等,这些生理变化都是由于某种情绪产生时引发人体内自主神经系统的一系列反应的结果。自主神经系统包括交感神经和副交感神经两种,它主要支配和调节人的呼吸、血液循环、消化、内外分泌系统,交感神经和副交感神经在功能上是拮抗的,当个体处于不同性质的情绪状态时,起作用的自主神经就会不同。一般情况下,交感神经与消极负面的情绪相联系,其兴奋时会引起呼吸紧促、心跳加快、血管收缩、血压上升、消化器官活动减弱、血糖分泌增加、肾上腺素分泌增加、汗腺分泌增加等,这些生理变化都是为了帮助人在短时间内调动身体能量,增加肌肉力量,以便有效应付突如其来的紧急情况;副交感神经与积极正面的情绪相联系,其兴奋时会引起一系列与上述相反的生理变化,以使人变得放松、感觉舒适,帮助人减轻压力、缓解疲劳,最终恢复到某种情绪发生前的正常状态。由于情绪发生时个体会具有这么多的生理特性,因此在对情绪进行研究时可以把这些生理特性作为客观的检测指标,比如实践中所应用的"测谎仪"、"声音分析器"、"生物反馈系统"等,都是利用这一原理来对人的情绪进行检测和分析,并以此来推断人的其他心理活动。

情绪的行为特性。情绪发生时,个体会在身体外部产生一些与身体内部生理变化相适应的行为表现,这些行为表现被称作表情,主要包括面部表情、姿态表情和言语表情。面部表情在表现情绪上是最重要的,它主要由眼睛周围的肌肉及眉毛、面部肌肉、口部周围的肌肉及额头共同配合来形成各种表情模式,反映不同的情绪状态。人的眼睛是最善于传情的,因此人们常把眼睛比作人心灵的窗口,透过这个窗口人们可以看到一个人内心丰富的情绪体验和情感变化,人的眼神几乎可以表达所有的情绪和情感,例如高兴时的"眉开眼笑"、悲伤时的"泪眼婆娑"、愤怒时的"怒目圆睁"、恐惧时的"目瞪口呆"、惊奇时的"双目凝视"等等。眼睛不仅可以表达情绪情感,而且还可以交流思想,是人们在社会交往中不可或缺的一种沟通手段,尤其是在"不可言传,只可意会"的场合,一个眼神就传递了所有的信息。人的面部大约有 80 块肌肉,加上口部周围、眼部周围及额部肌肉的配合,可以产生 7000 多种不同的表情。艾克曼的实验表明,人脸的不同部位具有不同的表情作用,眼睛最善于表达忧伤,口部最善于表达快乐与厌恶,前额善于表达惊奇,愤怒则是眼睛、嘴和前额协同来实现。由于面部表情模式的复杂多样性,因此要想对其进行准确的识别并不是一件容易的事情,更不用说通过表情来识别人内在的情绪和情感了,这种能力必须通过人的社会化过程逐步形成和提高。

姿态表情主要是通过人的身体动作来体现,包括人的身体姿势、胳膊与腿的摆放、手势等,人的情绪状态不同,身体的动作就会不同,例如高兴时的"手舞足蹈"、"捧腹大笑"、"前仰后合",愤怒时的"暴跳如雷"、"挥拳踢腿",恐惧时的"双肩紧缩"、"呆若木鸡",紧张时的"坐立不安"、"双腿紧促",群情激奋时的"振臂高呼",无可奈何时的"双手一摊"等等,都是通过身体动作表达了人们的某种情绪反映。除了这些比较明显的身体动作外,人在更多的时候是通过一些比较微妙细小的动作来流露出某种情绪,这些动作可能比那些明显的动作更加真实可信,但需要人们细心观察和捕捉。

言语表情主要是通过说话时的语速、语音、节奏、语气等来表达相应的情绪。日常生活中人们常说的"听话听音",实际上就是指人的情绪可以通过言语传递出来,音不同,所表达的情绪就不同。例如足球比赛的直播员在解说比赛时,语速快、音调高、节奏急、语气激昂,这样才能表现出比赛的激烈,进而调动人们的情绪;而新闻播音员在播报国家领导人的讣告时,语速慢、音调低、节奏缓、语气低沉,这才能反映出人们的悲伤及缅怀之情。通过言语表情来识别人的情绪是人们在社会化过程中形成和发展起来的一种能力,这种能力形成后,个体不仅用来识别,而且还会自己运用去表达不同的情绪。

情绪的两极特性。生活中人们会体验各种各样的情绪,这些情绪有时是同一种情绪的不同强度表现,有时是正好相反的两种情绪,这就是情绪的两极特性。首先,情绪有正负之分。正性情绪即肯定情绪,如快乐、高兴、满意、喜欢、兴趣、赞赏、自豪等,它带给人们的都是人们想要获得的、乐于接受的正面体验,在它的作用下人们心情舒畅、认知活跃、身心健康;负性情绪即否定情绪,如忧伤、郁闷、焦虑、痛苦、厌恶、悲伤、愤怒、自卑等,它带给人们的都是人们所不想要的、被动接受的负面体验,在它的作用下人们心情沉重、认知受阻、身心疲惫。其次,情绪有积极与消极之分。积极情绪是与社会利益相符,有利于他人,有利于自身个性健康发展的情绪;消极情绪是与社会利益相悖,不利于他人,不利于自身个性健康发展的情绪。积极情绪和消极情绪既可以是正性情绪,也可以是负性情绪,决不能把积极情绪等同于正性情绪,消极情绪等同于负性情绪,情绪的极性和性质不是一回事。例如,高兴是正性情绪,分享别人喜悦时的高兴具有积极意义,而幸灾乐祸的高兴则具有消极意义;愤怒是负性情绪,无端地与人生气争吵时的愤怒具有消极意义,而面对敌人挑衅时的愤怒则具有积极意义。再次,情绪有强度与紧张度上的区分。每一种情绪都有强度上的强弱之分,例如快乐情绪由弱到强表现为满意—愉快—欢乐—狂喜,愤怒情绪由弱到强表现为微愠—愤怒—大怒—暴怒—狂怒,恐惧情绪由弱到强表现为心慌—胆怯—惶恐—惊恐—惊厥,悲哀情绪由弱到强表现为失望—遗憾—难过—悲伤—哀痛。情绪的产生有时是按照强度等级逐渐增强,有时是直接就到了强度顶点,这一方面取决于刺激的性质,一方面与个体的个性特征有关。情绪的紧张度主要区分为紧张与轻松,同样一种情绪,有时会感觉异常紧张,有时会感觉无比轻松,这样两种不同的情绪感受与刺激情境的紧迫性和个体的心理准备状态以及应变能力有关。情境紧迫时易使人感到紧张,缺少心理准备及应变能力时也易使人感到紧张,但即使情境紧迫,如果有充分的心理准备和良好的应变能力同样也会感觉轻松。

情绪情感价值:情绪情感的功能

情绪情感作为一种心理过程,在人们的心理生活中具有重要的价值,其价值体现为情绪情感的功能。

适应与迁移功能。情绪情感是人类适应生存和发展的一种重要方式,尤其是在个体生命的早期,在没有掌握语言的状态下,个体与成人之间的信息交流主要是通过情绪表达来实现的,其中最主要的情绪表达方式就是哭,婴儿通过哭声向成人传递饥饿、生病、不舒服、无聊等信息,成人也正是根据婴儿的情绪反应为其提供生存所必需的条件,使其得到照顾与抚养。除了哭之外,还有微笑、害怕这些情绪都在个体生命早期发挥了重要的适应功能,喜欢微笑的婴儿会使父母心情更加舒畅,从而对其进行更加精心的抚养,同时也能得到更多的与他人互动的机会;害怕可以使婴儿躲避那些危险的事物和情境,同时可以让自己尽量留在父母的身边,以便得到安全的保护。在成人的生活中,情绪情感的适应性功能主要体现在通过情绪情感来反映自己的生活境遇,良好的情绪状态说明了生活的如意,不良的情绪状态暗示了生活的艰难。同时,人们也利用各种情绪表达来与周围人进行互动,实现正常的人际交往。

通过适应生存与发展所形成的情绪和情感还具有迁移的功能,这种迁移表现为情绪情感对象的泛化以及功能模式的传递。最初为了解决生理需求的哭声会随着年龄的增长而迁移到为了满足某种社会需求上来,最初形成的微笑模式会成为长大后与人互动的情绪表达方式,最初对少数具体事物的害怕会演变成对多种抽象事物的害怕,母婴之间建立起来的依恋工作模式会成为婴儿成人之后与自己孩子的情感互动模式。情绪情感的迁移在人们的心理生活中非常普遍,中国人用成语将其概括为"爱屋及乌",西方人则用谚语表示为"love me love my dog",虽然语言不同,但所表达的原理是相同的。情绪情感的迁移反映了人类的社会属性,体现出了人类的情感维系性。

动机与组织功能。情绪情感对人的心理活动具有一定的动力作用,因此是动机系统的一个基本成分,它能激励人的活动,提高人的活动效率。个体有些活动就是在某种情绪的直接推动下而产生的,比如强烈的好奇心会促使儿童去积极探索周围的世界,浓厚的兴趣会推动成人去从事自己喜欢的活动并乐此不疲,适度的紧张和焦虑能够使人积极地展开认知活动,从而更加有效地解决问题。可见,保持适度的情绪兴奋性,可以使人的身心处于一种积极活跃的状态,这种状态有利于个体活动的激发和产生。同时,情绪还具有扩大人生理内驱力信号的作用,从而使生理内驱力变为强大的行为动力,比如人在落水后,需要补充氧气的生理需要会被害怕淹死的恐惧感所扩大,这种被扩大的生理内驱力成为个体进行自救的强大动力,表现为拼命地挣扎与呼救。

情绪情感对心理活动的组织作用主要表现为积极的正性情绪对认知活动的组织与协调,消极的负性情绪对认知活动的破坏与瓦解。生活中,每个人都有这样一种体会,即在自己处于心情愉快、精神放松的积极情绪状态时,认知活动也似乎变得活跃和协调,此时对事物知觉细致完整、记忆存储和提取快速、思维灵活多变,各种认知活动彼此协调,转换迅速,解决问题效率高;而当自己处于恐惧痛苦、精神紧张的消极情绪状态时,认知活动也似乎变得阻滞和混乱,此时对事物知觉笼统残缺、记忆存储和提取缓慢、思维僵化不变,各种认知活动相互干扰,混乱不堪,解决问题效率低。可见,在学习与工作中让自己保持积极正性的情绪是多么的重要,同时能够为他人营造一种学习与工作的积极正性的情绪氛围更加重要。

信号与感染功能。人际交往中情绪情感具有传递信息、表达态度、沟通思想的功能,这种功能的实现是通过表情信号来完成的。表情的信号意义表达了人的情绪情感感受,传递了人对事物的态度及思想,是人际交往中一种非常重要的非言语手段。儿童很早就学会了通过观察别人的表情来决定自己的行为,比如在面对陌生人时,如果陌生人给以的是微笑表情,那么儿童就敢靠近陌生人,如果陌生人给以的是严肃表情,那么儿童就会远离陌生人。对于成人来说,在那些只可意会,不可言传的情境下,主要是通过表情来相互沟通的,这些表情丰富多样,含义复杂多变,可以表示同意、赞许、鼓励、反对、否定、拒绝、默许、失望、无奈等等多种意思,而且同一种表情在不同情境下会有不同的意思,因此,必须结合具体情境来解读人的表情,这样才能真正读懂人们的表情信号意义。

情绪情感的感染功能是指情绪情感在不同人之间的相互感染,即当自己看到别人处于某种情绪情感状态时,自己似乎也产生了与别人相同的情绪情感体验,这种现象,西方研究者将其称作"移情",即把别人的情绪情感移到自己身上。移情现象在日常生活中非常普遍,比如婴儿在看到别的小孩在哭啼时,自己也会跟着哭啼,成人之后,看到别人的痛苦与悲伤,自己仍会陪着流泪。正是由于移情的存在,作家、剧作家、电影导演们在他们的作品中充分利用了这一原理,以达到以情染情的目的,从而提高艺术作品的情绪情感感染力。教育实践活动中,教育者也可以有效利用这一原理,培养和丰富学生的情绪情感,以达到以情育情的目的。

情绪情感形式:情绪情感的类型

人的情绪情感有多种存在形式,心理学将它们分为基本情绪、情绪状态和情感。

基本情绪是指单一的具体的情绪反应,其内在生理反应机制与外在表现明显不同。尽管人的基本情绪多种多样,但研究者认为快乐、悲哀、愤怒、恐惧是人的最基本情绪。

快乐。快乐是一个人追求并实现目标时产生的情绪体验。生活中人们都想获得快乐,但快乐的获得在于对某种目标的追求,只有通过自身努力付出所实现的目标才会有快乐的体验加以回报,而通过索取或是别人的馈赠所实现的目标就体验不到真正的快乐。快乐的程度取决于愿望、目标实现的意外性，越是经历千难万险而实现的目标，才越能使人体验到更大的快乐。快乐的产生和很多事物特征联系在一起，比如绚丽的色彩、新颖的结构、芳香的气味、美妙的声音等都会使人产生快乐的体验，只要你是一个热爱生活的人，快乐无处不在。对于快乐问题，人们总是面临一个悖论，即当生活简单时，人们很容易就体验到快乐，而当生活丰富时，人们却总感觉不快乐。因此说，快乐不在于物质的多少，而在于内心的感受，真正的纯粹的快乐来自于人对生活及生命的理解与感悟。对于人来说，最大的困惑或悲哀莫过于当拥有一切时，却发现唯独少了快乐。

悲哀。悲哀是一个人在失去自己心爱的对象（人或物）或是在理想愿望破灭时产生的情绪体验。生活并非一帆风顺，所拥有的东西也并非会永远存在，在面对心爱对象的离别与失去，理想愿望的破灭与落空时，人们会产生心痛的感觉，并不由自主地加以释放，以此来缓解心理的压力。悲哀的程度取决于所失去对象的重要性与价值，比如丢了一支钢笔仅仅会使人感觉遗憾，而亲人的离去则会使人陷入深深的伤痛。悲哀可以引发哭泣，这是一种真实情绪的表达，也是一种缓解悲哀程度的正常途径。因此，想哭的时候就哭，该哭的时候就哭，而非采取强忍或是压制，这样不利于消极负性情绪的消解。悲哀不总是使人陷入消沉，有时反而会给人以力量，催人奋起，勇往直前，关键在于人的内心的强大，没有强大的内心才会被悲哀所摧垮，即所谓的"哀莫大于心死"。

愤怒。愤怒是指人在追求目标过程中受到阻碍，使紧张积累而产生的情绪体验。愤怒情绪是否表现出来，取决于个体对妨碍物的意识程度，当个体不知道是什么人或物在妨碍自己时，只有紧张情绪程度上的积累，并没有明显的外部表现，而当个体意识到是什么人或物在妨碍自己时，这种积累的紧张情绪会立刻释放出来，并直接指向妨碍人或物，产生攻击性行为。愤怒产生后一般都是直接指向妨碍人或物，但有时在某些条件的作用下，当事人不敢或不愿把愤怒直接指向妨碍人或物，而是进行了转嫁，即产生所谓的"迁怒"行为。"迁怒"一般有三种表现：迁怒于物，表现为摔东西、砸东西等破坏性行为；迁怒于他人，表现为找茬、发邪火等挑衅性行为；迁怒于自己，表现为自虐、自残等伤害性行为。对于愤怒情绪来说，它是一种负性的消极情绪，无论是直接的愤怒还是"迁怒"都会给别人和自己带来伤害,并引发恶性的连锁反应,因此人要正确面对愤怒并学会制怒,善于制怒的人才是聪明的人和坚强的人。所谓"人生不如意者常八九,理智者发愤于志,糊涂者迁怒于物及他人",面对人生的不如意,你是愿意做个理智者,还是变成一个糊涂者呢?

恐惧。恐惧是指个体企图摆脱和逃避危险情境时产生的情绪体验。恐惧的产生必须以某种危险刺激的存在为条件,不管该危险刺激是真的有危险还是个体主观认为的有危险,都会使个体产生恐惧。在生活中有一些事物几乎是每个人都会害怕的,比如蛇、黑暗、高处等,人们之所以会害怕这些事物,是因为它们在物种进化的各个阶段始终都会对物种的生存造成威胁,因此在物种的进化过程中形成了具有进化特征的记忆痕迹。其实,以上这些事物相对现在的汽车、手枪、电源插座、毒品等危险性要小很多,但人们会害怕前者而不害怕后者,也许只能用进化的思想来做出解释了。危险情境的存在是引起恐惧的必要条件,但不是充分条件,如果人们在面临危险情境时具有充分的心理准备或是拥有处理危险的能力和手段,此时尽管情境危急,但人们一般不会感觉过于恐惧。恐惧具有很强的感染性,即使是处在非常安全的环境中也是一样,例如坐在电影院里看恐怖电影时会缩作一团,就是被恐怖情节感染所致。对于人来说,也许生命中最大的恐惧不是面对死亡,而是如何面对死亡。

情绪状态是指在某种刺激的作用下,个体所产生的一种持续性的情绪波动状态。根据情绪状态的产生速度、表现强度和持续时间,主要分为心境、激情和应激三种情况。

心境。心境是一种微弱而持久的情绪状态。心境的形成不是一下就完成的,而是在某种刺激的持续作用下慢慢形成的,它没有太强的表现,但一般都会持续一段时间,是人们心理生活的主要情绪背景。比如人逢喜事精神爽、心事重重、郁闷无聊、忐忑不安、忧心忡忡等都是心境的不同表现。心境的两个特点是渲染性和弥散性:渲染性是指某种心境产生之后,会使个体的所有心理活动和行为都蒙上一层相应的情绪色彩;弥散性是指心境产生之后不再具有特定的对象,而是扩散到所有的事物上,其引发是某个特定对象,而其存在却是指向所有事物。例如学生在考试中受挫,则导致心情郁闷,此心境会渲染和扩散到所有的活动和行为上,表现为上课时注意力不集中、思维迟缓,下课后无精打采、言语无力,感觉周围世界是黯然一片。俗语所说的"忧者见之而忧,喜者见之而喜""见花落泪,对月伤心"都是对心境特点的形象描述。

心境产生后,持续时间的长短一般和两个因素有关,一是和引起心境的刺激性质有关,对人具有重大意义的刺激所引发的心境会持续时间更长,比如亲人的离去会使人长时间沉浸在伤痛与郁闷的心境之中;对人习以为常的刺激所引发的心境会很快过去。二是和个体的人格特征有关,对乐观外向的人来说,同一刺激事件对其不但影响小,而且容易事过境迁,很快忘记;而对孤僻内向的人来说,同一刺激事件对其影响就大,容易耿耿于怀,念念不忘。

心境可以由很多因素所引起,如生活的顺逆、工作的成败、人际关系的融洽与冲突、身体健康的好坏、自然环境的变化等等都可以成为心境产生的原因。同时心境又是人们心理生活的主要情绪背景,它对人的生活、工作、学习、健康都具有重要的影响。积极乐观的心境可以使人认知活跃、活动效率高、增强信心、充满希望、有益于身心健康;消极悲观的心境会使人认知受阻、活动效率低、减弱信心、丧失希望,有损于身心健康。因此,对于每个人最重要的事情就是如何保持积极乐观的心境,及时调整消极悲观的心境,这其中最重要的就是人看待生活以及人生的角度和立场。对于生活来说,你觉得它是光明的,它就是光明的;你觉得它是黑暗的,它就是黑暗的。

激情。激情是一种短暂而猛烈的情绪状态。激情往往是在瞬间爆发的,是在某种刺激的强烈作用下迅速形成的,它爆发时强度大,持续时间短,在人们的心理生活中不经常发生。激情状态通常都是由一些对个体具有重大意义的事件所引发,如重大成功之后的狂喜、惨遭失败后的绝望、亲人突然离去的悲哀、面临异常恐惧的惊厥等都是激情状态的表现。激情的两个特点是爆发性和冲动性:爆发性是指激情产生时大量的心理能量在非常短的时间内喷薄而出,威力巨大,类似于爆炸一样;冲动性是指激情产生时,个体往往容易丧失意志力的控制而表现出冲动性行为,此时人具有一种"情不自禁,身不由己"的感受。

激情状态有积极与消极之分。积极的激情能使人在很短的时间内调动身体的能量,增强肌肉的力量和行为力度,并全身心地投入到当前的活动中,完成平时很难完成的工作,达到平常所达不到的效果,如路人的见义勇为、运动员的比赛、士兵的冲锋陷阵等都是积极激情的表现;消极的激情容易使人丧失理智,不能正确评价自己的决定和行为,以致失去控制而做出反常举动,进而造成不可挽回的严重后果。人们常说的"一失足成千古恨"往往就是指人在激情冲动时所导致的结局。对于青少年来说,由于其神经的兴奋过程强于抑制过程,同时他们对二者的协调能力差,因此容易表现为激情冲动,做事情不考虑后果,严重的会产生激情犯罪。对于成人来说,当个体处于激情状态时,尽管有意识控制能力减弱的情况,但不是完全丧失,因此对于行为还是可控的。如果没有控制仍然表现为激情冲动,那么不是其意志品质薄弱就是其道德品质低劣,对于激情冲动所造成的任何后果都要负完全的责任。

应激。应激是指人在突如其来的刺激下所产生的一种适应性情绪状态。应激往往也是在瞬间产生的,是在某种刺激的突然作用下迅速形成的,它强度大,持续时间短,在人们的心理生活中不经常发生。如骑车突然摔倒的自我保护、路遇劫匪的沉着应对、面对突发火灾与地震的震惊与反应等都是应激的表现。应激的两个特点是超压性和超荷性:超压性是指个体在应激状态下会感觉比平时承受更大的心理压力,这种压力主要表现为过度的紧张和焦虑;超荷性是指在应激状态下,个体的生理系统会承受更大的负荷,以充分调动体内的各种机能资源去应付紧急的重大事变,其机制的运作主要是由交感神经的兴奋来完成的。正是由于这两个特点的存在,人们在应激过后往往会感觉身心疲惫,就好似大病了一场一样,这种现象被称为"应激反应综合征",是个体应对压力时的一种自动反应。偶尔的应激反应不会对身心造成太大的影响,如果长时间处在应激压力之下,则会损坏人体的免疫系统,导致适应性疾病。

应激状态下个体的反应有积极与消极之分。积极的应激表现为认知上的思维清晰、急中生智,行为上的力量倍增、动作准确,因此使个体能够积极应对危急情况,化解危险,脱离险境,如"李广射虎"、"曹植作七步诗"的典故都是积极应激的表现;消极的应激表现为认知上的思维混乱、头脑空白,行为上的惊慌失措,动作紊乱,因此使个体不能化解危险,及时脱离险境,如火灾发生时拼命去撞平时都是一拉就开的门,就是一种消极的应激表现。对于大多数人来说,在面临突如其来的危险时,一般都会产生消极的应激反应,要想改变这种状况,一是进行相关知识的传授,二是平时的预防演练,只有掌握了相关的自救知识,提高了反应能力,才能在危险发生时产生更多的积极应激反应。

情感是同人的社会性需要相联系的主观体验,是人类所特有的心理现象。人的情感多种多样,在生活中经常表现出来的有道德感、理智感和美感三种情感。

道德感。道德感是根据一定的道德行为标准对自己和他人的行为进行评价时产生的一种主观体验。道德感反映了个体的道德需要与道德标准之间的关系,当自己或是别人的行为符合道德标准时,个体的道德需要就得到满足,进而产生幸福感、自豪感、爱慕感、钦佩感等积极肯定的道德感,反之就会产生内疚感、自责感、厌恶感、鄙视感等消极否定的道德感。对于普通大众来说,对于道德感的理解和评价都是和一些具体的事件紧密结合在一起,而不会上升到某种哲学或是伦理的高度来对道德问题进行讨论。因此,在现实生活中,每个人每时每刻都在切身经历和体验着某种道德感,比如乘车让座的问题、路人跌倒扶不扶的问题、捡到财物是否上交的问题、对乞讨者是否施舍的问题等等。这些问题虽然不大,但却能更好地检验一个人的道德,道德不是口头上的夸夸其谈,而是行动上的实实在在。不同的社会制度,不同的时代,不同的阶级,由于道德标准的不同,人们的道德感内容也就不同。道德感渗透在人们社会生活的各个方面,具有多种表现形式,对待个人的责任感、义务感、正义感、荣誉感,对待集体的集体感、拥护感,对待国家的爱国主义感、忠诚感等都是一种持久而动力强大的道德感。生活中很难要求每个人都是道德品行高尚的人,但最起码应该是一个具有正确道德感的人。

理智感。理智感是指伴随个体的认知活动而产生的各种情感体验。人们在认知活动中会随着具体认知活动的不同而产生不同的情感体验,比如在对未知事物进行积极探索时的认识兴趣、好奇心及求知欲望;在思考问题过程中的压力、迟疑、焦躁,在问题解决后的轻松、喜悦、快慰;为坚持观点正确所表现出的热情与勇气;为真理而献身的幸福与自豪等都是理智感的表现。对于普通人来说,理智感就表现在平时的学习以及解决具体问题过程中,平常而又容易做到,至于像布鲁诺那样甘愿为坚持真理而献身火刑柱,像谭嗣同那样敢于用自己的鲜血来唤醒人们的"我自横刀向天笑,去留肝胆两昆仑"的气魄,都是非同寻常的常人所难以企及的高水平的理智感表现。

美感。美感是根据一定的审美标准对事物进行评价时产生的情感体验。人们常说"爱美之心,人皆有之",凡是美好的事物都能给人以美的感受,比如风景秀美的自然景色、古韵悠久的历史文化古迹、高尚的道德行为品质、无私的奉献精神等都会使人产生深深的美感。美感的产生离不开一定的审美标准,审美标准不同,美感就不同。不同文化、不同民族、不同阶级、不同历史时期,人们的审美标准既有相同的地方,也有不同的地方,而且更多地表现为不同。比如不同民族在服饰、化妆上的审美标准就不同,有些民族的服饰与化妆简直让外人难以接受,但对于本民族来说那却是最美的。再比如对于女性美的问题,不同历史时期和阶级具有不同的审美标准,我国封建社会士大夫阶层所称道的女性美是李煜在《长相思》中所描绘的"云一绹,玉一梭,淡淡衫儿,薄薄罗,轻颦双黛螺";在 18 世纪的西方贵族淑女崇尚的是纤细苍白、浓妆艳抹,而劳动人民认为少女的美在于红润的双颊、油黑粗长的发辫、健美的体型;唐代女子以胖为美,现代女子则以瘦为美。美感的差异并不都是阶级性或原则性的差异,健康的美感属于全人类,我们应该打破文化或民族的界限进行交流和借鉴。

任何事物都有它的内容和形式,一般情况下二者是一致的,但也有不一致的时候。有时外表是美的,但内容不一定是美的,即刘基在《卖柑者言》中所说的"金玉其外,败絮其中";有时外表不美,但其内容却是美的。因此,一个事物美不美,不能只看外表,还要看其内容,真正的美是由内容来决定,而不是由形式来决定。例如一幅毫无生活情趣的美女画像不美反而庸俗,一尊皱纹遍布、骨瘦如柴的罗丹老妪雕塑由于充满人生情趣,不丑反而美不胜收。雨果在《巴黎圣母院》中把外表丑陋的敲钟人塑造成真善美的化身,而把外表漂亮的军官和神父塑造成假丑恶的化身,就形象地说明形式上的美总是服从于内容上的美。这正如歌德所说的一句话:"外表的美只能炫耀一时,心灵的美才能流芳百世。"

情绪情感评价:情绪情感的品质

生活中,每个人都可以体验到各种不同的情绪情感,不同的人在同一种情绪情感体验上也存在着差异,那么什么样的情绪情感体验是对自己有积极意义并被别人所认可和接受的呢? 这涉及对情绪情感的评价问题,评价一个人的情绪情感主要从情绪情感的品质入手,人的情绪情感品质主要表现在以下几个方面。

情绪情感的倾向性。倾向性就是指一个人的情绪情感经常针对什么性质的事物而发生。在情绪情感的定义中已经说明,情绪情感的产生必须有客观刺激的引发,在实际生活中,引发不同人情绪情感体验的客观刺激具有一定的固定性和经常性,有些人的情绪情感经常针对的是大是大非,是由具有重大社会意义的刺激所引发,而有些人的情绪情感经常针对的是家长里短,是由那些鸡毛蒜皮的事情所引发。一个人经常针对什么性质的事物而引发情绪情感体验,反映了一个人的人生观和世界观,凡是目光远大,具有高尚人生观的人所留意的是具有重大社会意义的事物,由此所引发的情绪情感体验必然具有高度的原则性;而目光短浅,贪图个人名利的人常纠缠于个人得失的小事,因而被引发的情绪情感就缺乏原则性。范仲淹在《岳阳楼记》中把"迁客骚人"与"仁人志士"的情绪情感进行了鲜明的对比,"迁客骚人"是"物喜己悲",而"仁人志士"则是"先天下之忧而忧,后天下之乐而乐",这一情绪情感倾向性的差异,使人的情绪情感具有了明显的高低优劣之分。

情绪情感的深刻性。深刻性是指一个人的情绪情感和事物联系的深度和广度。任何事物都有其本质内容和外在形式,内容决定形式,因此一个人的情绪情感是否深刻,就看其是同事物的本质内容联系还是同事物的外在形式联系。那些由事物本质内容所引发的情绪情感体验就富有深刻性,而那些仅仅停留在事物表面现象上的情绪情感体验就缺乏深刻性,比如经过生死患难的战友间的友谊是一种深厚的友谊,而酒肉朋友间的友谊就是一种经不起考验的肤浅的友谊。一个人要想在某件事情上建立起深刻的情感,必须长时间沉浸其中,透过现象把握其本质;同样,一个人要想同别人建立起深刻的情感,也必须与其长时间交往,由表及里而捕获其内心。

情绪情感的稳定性。稳定性是指一个人的情绪情感所能持续时间的长短。一般来说,持续时间长的必定比持续时间短的情绪情感稳定,那些具有正确倾向性和深刻性的情绪情感一般都是非常稳定的,比如爱国主义情感。稳定的情绪情感表现为对象专一不变,持续时间长久,比如文天祥在《扬子江》中写道"臣心一片磁针石,不指南方不肯休",陆游在《示儿诗》中写道"王师北定中原日,家祭无忘告乃翁",所体现的是作者对国家忠诚稳定的情感;白居易在《长恨歌》中所写的"天长地久有时尽,此恨绵绵无绝期"是对唐玄宗与杨贵妃之间伟大爱情的描绘。不稳定的情绪情感一是表现为对象不专一、情绪情感多变,即所谓的"喜新厌旧"、"见异思迁";二是情绪情感的强度迅速减弱,表现为"三分钟热血"、"两天半新鲜",尽管对象没有改变,但迅速减弱的强度就暗示着情绪情感稳定性的动摇。

情绪情感的效能性。效能性是指一个人的情绪情感对行为是否具有推动的作用。在情绪情感的功能中已经提到它的动机作用,但在实际生活中,不同人的情绪情感的实际推动效能表现不同。有些人的情绪情感效能性高,无论是成功还是失败,都能很好地支配自己的情绪情感,使之成为不断前进的动力,即所谓的"胜不骄,败不馁";有些人的情绪情感效能性低,在很多事情上都是表现为"心向往之而已",而没有实际行动,成功时"忘乎所以",失败时"一蹶不振",不能很好地控制自己的情绪情感,并持续地发挥其动力性的作用。

情绪情感健康:情绪情感的调节

情绪情感作为一种心理过程对人的身心健康具有很大的影响,古人很早就注意到这一问题,早在春秋战国时期的医书《黄帝内经》中就有过"喜伤心、怒伤肝、思伤脾、忧伤肺、恐伤肾"的论述,可见,不同的情绪会损伤人体不同的内脏器官。现代心理学对情绪与健康的问题进行了实验研究,心理学家布雷迪曾经做过通过紧张情绪诱发胃溃疡的实验。实验对象是两只健康的猴子,实验时它们分别被缚在两张电椅上,然后接受每20秒钟一次的电击,电击会给猴子带来一定程度的难受滋味。但很快甲猴子发现,它的电椅上有一个可以切断电源避免电击的压杆,

147

只要在电击之前压一下压杆,就可免遭电击;而乙猴子却发现它的椅子上没有这一压杆。于是,甲猴子就担负起压杆切断电源避免电击的责任,是逃脱还是受苦,这完全取决于甲猴子,于是甲猴子就背负着超强的心理负荷和责任感,它紧张地估算着电流袭来的时间。而乙猴子虽然很无奈,却无忧无虑。结果是,经过二十多天的实验,甲猴子得了胃溃疡而死掉了,乙猴子却安然无恙。这个实验对于猴子虽然有悖于道德,但却很好地证明了情绪对生理健康的影响。动物尚且如此,人必定是有过之而无不及。美国心理学家艾马尔做过这样的实验,他把人在不同情绪状态下呼出的气体经过冷却变成水,发现人在心平气和的时候呼出的气体变成水后是澄清透明的;在悲伤状态下呼出的气体变成水后有白色的沉淀;在愤怒状态下呼出的气体变成水后有紫色的沉淀。他把这种紫颜色的水用针管抽出后注射在一只健康的白鼠身上,几分钟后白鼠就死亡了,可见,这种紫色的物质是一种毒性非常强的物质。因此,人在愤怒时体内会产生大量毒素,这种毒素直接损坏的就是肝脏,由此证明古人说的"怒伤肝"是有道理的。现实生活中,当一个不知道自己身患癌症的患者,可能还会"健康地"生活很多年,而一个得知自己已身患癌症的患者,可能不长时间就离开了人世,其间的区别也许就在于不同情绪状态的作用。以上这些事实都非常好地说明了不同情绪情感状态对人的身心健康所带来的不同影响,因此,对于每个人来说,应该学会调节自己的情绪情感,以维护自己的身心健康。

生活中,人们会经历和体验到各种情绪情感。人不可能总生活在积极正性的情绪情感中,而什么负性的消极情绪情感都遇不到。学会调节情绪情感就是身处积极正性的情绪情感中时知道如何使其得到维持并适时使之得到增强,而身处负性的消极情绪情感中时知道如何使其得到化解并尽快走出或是实现向积极正性的情绪情感转变。这个过程中,人的认知具有非常关键的作用,对此,美国心理学家艾里斯提出了一个"情绪 ABC 理论",A 代表事件,B 代表认知,C 代表情绪。通常人们都认为是 A 导致了人产生不同的 C,实际上真正使人产生不同 C 的是 B 而不是 A。例如,大家都听过这样一个故事:一个老太太有两个儿子,一个卖伞,一个晒盐,于是老太太无论是晴天还是雨天都不快乐。有人问她为什么,她说晴天卖伞的儿子就卖不了伞了,雨天晒盐的儿子就晒不了盐了,由于为他们担心所以才不快乐。那人听后就告诉她说,你为什么不反过来想呢? 晴天,晒盐的儿子可以晒更多的盐;雨天,卖伞的儿子可以卖更多的伞,每天都有儿子在挣钱,你担心什么呢? 老太太听后,从此就每天都快快乐乐的了。这个故事很好地说明了人的认知在情绪情感产生中的作用,认知不同,情绪情感就不同。日常生活中,人们总是容易被负性的消极情绪情感所困扰,其原因不是我们总是碰上负性事件,而是我们看待事件的角度不对,换一个角度也许就会有不同的感受。因此,学会调节情绪情感就是要学会从不同角度看问题并思考问题,以此使正性的积极情绪情感表现适度,使负性的消极情绪情感及时得到调整,从而促进身心健康。

第十章

意　志

什么是意志

　　人们通过认识过程获得了知识,积累了经验,实现了对客观世界的认识,但是作为人来说,认识世界并不是人的最终目的,人的最终目的是要在认识世界的基础上来改造世界,通过对客观世界的改造创造出更加适合人类生存和发展的各种条件,进而实现人类和自然的和谐统一。人们在改造客观世界过程中所体现出来的心理活动就是意志过程。

　　意志的定义。心理学上对意志的定义是:人通过自觉确立目的,并在目的的指引下对自身行为进行支配和调节,以及克服困难以实现预定目的的心理过程。

　　意志作为一种内隐的心理过程,总是通过人们的实际行动表现出来的,例如对一名学生来说,当他(她)意识到自己的某门功课不好时,为了改变这种状况他(她)就会展开一系列的行动以实现提高学习成绩的目的,上课认真听讲、课下积极向老师提问、课后用更多的时间进行复习,并能在这些行动中克服各种困难以坚持到最后。在这一系列的实际行动中,他(她)不但目的明确,而且自始至终都是在目的的支配和调节下来展开各种行动,克服困难,使意志得以充分体现。无论是人类个体还是群体,其改造客观世界的主观意志必须通过实际行动来实现,如果脱离人的实际行动,我们无法知晓人的目的如何,也没有办法判断其是否开始了意志过程。因此,要想了解人的意志过程,必须从人的实际行动入手。

　　意志过程是人的意志能动性的积极体现,表现为人的意志对行为的调节和控制,这种意志对行为的调节和控制是通过发动和制止来实现的。发动就是调动心理能量推动人去从事达到某种预定目的所必需的行动,制止就是调动心理能量抵制不符合预定目的实现的行动。发动与制止是同一实际行动中相互联系,彼此统一的两个方面,二者的功能不是相互排斥而是相辅相成。例如上面的例子中,为了提高功课成绩而下定决心,这种决心一方面促使人去努力开展各种有利于成绩提高的学习活动,另一方面又会采取各种办法去抵制不利于成绩提高的各种干扰因素,这两方面的行动是同时展开的,而且相互统一,任何一方面的半途而废都会导致行动的失败,而使目的落空。人正是通过发动和制止这两种作用,以实现意志对行动的支配和调节,这就好比汽车一样,前行需要发动机的发动,停车需要刹车的制止,二者缺一不可。意志不仅可以调节人的外部行动,还可以调节人的内部心理状态,比如人的知觉活动组织、有意回忆的进行、有意注意的维持、思维活动的展开等都体现为意志对认识的调节,人对愤怒的控制、对恐惧的克服、对悲痛的抑制等体现为意志对情绪的调控。

　　意志行动。前面已经谈到意志是和人的实际行动密不可分的,意志都体现在人的实际行动中,因此在意志调节和支配下的自觉的、有目的的行动被称为意志行动。人身上绝大部分的行动都属于意志行动,但不是所有的行动都是意志行动,要想成为意志行动必须具备以下几个特征。

　　首先,意志行动必须有自觉确立的目的。人类行为与动物行为的本质区别就在于人可以自觉地确立行为目的,而动物却做不到,其行为主要体现为无意识的本能行为。动物虽然也通过行动作用于周围的环境,但它们的行为达不到自觉意识的水平,尽管有些动物的行为十分精巧,似乎具有很强的目的性,但这些行为就其本质来说都是无意识的本能行为,它们根本意识不到自身行为的目的和结果。比如,鸟类搭巢、老鼠打洞和人类建造房屋是类似的行动,但鸟要搭什么样的巢、老鼠要打什么样的洞,事先是没有计划的;而人类就不一样,在房屋还没有建造之前,其头脑里就已经有了房屋的设计,而且是根据这一设计来建造房屋的,因此人的行动是有意识的、有目的的行动。针对此方面的差异,马克思曾经做过非常形象的比喻,他说:"蜜蜂建造蜂房的本领使人间许多建筑师感到惭愧。但是,最蠢脚的建筑师一开始就比灵巧的蜜蜂高明,他在用蜂蜡建筑蜂房以前,已经在自己的头脑中把它完成了。"可见,人类可以通过意志,通过内部的意识事实向外部动作的转化,达到认识世界和改造世界的目的。正如恩格斯所说:"一切动物的一切有计划的行动,都不可能在自然界上打上它们的意志的印记,这一点只有人才能做到。"自觉的目的是指人在行动之前就已经对行动的方法和结果以及如何使用方法和达到结果有充分的认识。因此,人身上那些无意识的、盲目的、不自觉的行动都不能称之为意志行动。

其次,意志行动以随意运动为基础。人的各种复杂行为都是由一系列的简单动作组成的,这些简单动作可以分为不随意动作和随意动作两种。不随意动作大多都是人先天就会不学而能的动作,其执行往往是人意识不到、不由自主地发生的,包括人的各种无条件反射活动、一些习惯动作等。随意动作是人通过后天学习而建立起来的动作,其执行是受意志控制的有目的、有方向的行动,比如写字、驾车、做操、绘画等。随意动作是意志行动的基础,人只有掌握了随意动作,才能按照预定的目的去组织、支配、调节一系列的动作而构成复杂的行为活动,从而实现预定目的,完成意志行动。例如,当看见有人落水而呼救时,仅仅具有见义勇为的勇敢精神还是不够的,还需具有必要的技能作为保证,即要想实现救人这一目的,必须以会游泳作为前提,否则这一意志行动就难以完成,甚至会造成更大的恶果。可见,不掌握必要的随意动作,意志行动就难以构成,意志就难以实现。

再次,意志行动与克服困难相联系。意志行动是以自觉的目的为首要特征的行动,在目的确立以及目的实现过程中,都会遇到各种各样的困难需要克服,因此,意志行动是与克服困难相联系的。那些虽然有明确的目的,也以随意动作为基础,但没有克服任何困难的行动,就不能算作意志行动。例如,对于一个身体健全的人来说,他们完成像上下楼梯、举杯喝水、开窗关门等简单的日常活动,虽然具备了以上意志行动的两个特征,但在此过程中无须克服任何困难,因此并不体现意志过程;但对于一个身体残疾的人来说,要想完成以上这些简单的活动就需要克服很多困难才能够实现,表现出一定的意志过程,因此这些活动才可以称为意志行动。困难可以分为内部困难和外部困难,外部困难主要是指来自于主体以外的客观存在的障碍或阻力,内部困难主要是指来自于主体内部的障碍或阻力,包括认识的偏差、情绪的消极、犹豫的态度、能力的不自信、胆怯懒惰的性格等。一般情况下,外部困难必须通过内部困难来起作用,也就是哲学上所说的"外因必须通过内因而作用"。因此,外部困难要比内部困难容易克服,只要内部困难解决了,外部困难也就迎刃而解了。而解决内部困难并不是一件容易的事,正如俗语所说的"人最难战胜的就是自己"。实际生活中,有些人总感觉外部困难重重,实际上是其内心困难没有解决的缘故。人一旦战胜了自己,就会获得一个全新的自我,但如何战胜自己也许是每个人一生都要面对的课题,正如海明威在小说《老人与海》的题记中所说一样:"人生来注定就是要被打败的,可就是你怎么也打败不了他。"

以上三个特征是意志行动同时必备的特征,缺少任何一个特征的行动都不是意志行动。

意志产生:意志的过程

意志心理过程分为采取决定和执行决定两个阶段,采取决定阶段是意志的准备阶段,在这一阶段要预先决定意志的方向,追求的结果,确定意志运行的轨道;执行阶段是意志的完成阶段,在这一阶段按照预先规定好的轨道来展开意志行动,使主观的目的转化为客观的结果,实现对客观世界的改造。

采取决定阶段。这一阶段是意志的准备阶段,主要是在以下几个方面做好准备。

首先是解决动机冲突。人的行动是在一定的动机推动下产生的,动机来自于人的需要。人的需要极其复杂,由它所引起的动机也就极其复杂。在一定的时间、地点和条件下,常常不能保证人的所有需要都能转化为动机而得到满足,这样就导致了需要之间的冲突,满足谁不满足谁,先满足谁后满足谁。如果不能解决这一冲突,行动的动机就难以确定,意志行动就难以展开。因此,采取决定阶段的首要任务就是解决动机冲突,即决定一种行动究竟按照哪种动机来展开或是先按照哪种动机来展开,然后依次执行。动机冲突主要有以下几种表现形式:双趋式冲突,即同时存在两种具有吸引力的目标,而又不能同时得以满足所引发的冲突,例如《孟子》中所说的"鱼和熊掌不可兼得"就是这种情况;双避式冲突,即同时存在两种具有排斥力的目标,而又不能同时得以回避所引发的冲突,例如"前有悬崖,后有追兵"就是这种情况;趋避式冲突,即同一目标既具有吸引力,又具有排斥力所引发的冲突,例如小孩子想和家长一同出门但又不想接受家长的约束、学生想选一门具有挑战性的课程但又担心考试不过关、想吃巧克力但又担心发胖等都是这种情况。以上几种单一的冲突情况虽然经常出现,但更多的时候是以一种多重的冲突形式表现出来,由于其冲突的复杂性,解决起来就会很困难。

其次是确立行动目的。解决了动机冲突后,就要根据选定的动机来确定行动的目的,有了目的才能规定意志行动的进行方向。目的虽然来自于动机,但二者并不总是一一对应的,有时表现为一致性,即一定的动机导向一定的目的,而有目的的行动本身又是具体活动的动机,进而使行动连续不已,直至达到最终的目的。不一致表现为同一动机可以导向不同的目的,例如同样出于休息的动机,不同的人选择了不同的休息方式;不同的动机也可以导向相同的目的,例如同样是实现考上大学的目的,但支持不同高中生努力学习的动机却是不同的。与目的相比,动机是更加内在隐蔽,更加强烈的行为动力因素,例如见义勇为者的挺身而出、医生危急时刻的救死扶伤都是在自我牺牲精神和高尚的职业道德推动下而产生的意志行动。行动目的的确立要以正确的动机为基础,不能患得患失,果断做出决定,同时要分析目标的远近主次,分层次依次确定。

再次是选择行动方法。目的确定以后,就要选择方法来实现目的。有时候达到目的的方法只有一种,或是同样的行动已经进行过多次,方法已经非常熟悉,此时只要目的一确定,方法就已经一目了然,不用再进行选择。但很多时候实现目的的方法不止一种,这些方法有些简便有效,有些复杂无效,因此需要结合实际情况付出一定的意志努力来做出选择。能否选择到科学合理的方法,与同一个人的知识经验、智力和动机都有一定的关系。高尚的动机会使人采取正大光明的手段来实现目的,卑微的动机则会使人"不择手段"来实现目的。丰富的知识经验和聪明的智力会使人选择到更好的方法来实现目的。

最后是制定行动计划。有了计划会使行动有条不紊,按序进行,同时可以根据条件的变化随时调整行动方案,而不至于在突发情况下手忙脚乱。计划要求符合实际,全面细致,确保执行。

执行决定阶段。执行决定是意志心理过程的关键,它是确保采取决定阶段所有的准备活动是否能得到实际执行,同时也是衡量一个人意志执行力的标准。因为,即使动机再高尚、目的再明确、方法再完善、计划再周密,但就是没有执行,那这一切准备都失去了意义,同时也就说明了一个人意志的薄弱。执行决定有时需要当机立断,否则就会坐失良机;有时需要忍耐克制,等待时机的成熟,这两种情况充分体现了意志的发动和制止的功能。同时,执行决定过程中,良好的意志也表现为对困难的克服和果断放弃不符合实际的原定决定而及时采取新的决定。

意志过程的这两个阶段是紧密联系;有机衔接的,没有行动前的准备阶段,行动就会变得盲目和不自觉;没有准备后的执行阶段,行动前的准备就成了空想,行动就会落空。

意志评价:意志的品质

日常生活中我们可以观察到人们意志行动的不同表现或是听到人们对意志行动的不同评价,进而去界定某人意志品质坚强或薄弱,那么什么是意志品质?它有哪些表现? 所谓的意志品质就是一个人的意志行动表现具有了明确性和稳定性时,就构成了个人特有的意志品质。对于所有人来说,人的意志品质主要表现在以下几个方面:

意志的自觉性与盲从和武断。意志的自觉性是指人能够自觉地确立行动目的,并根据目的来支配和调节行动的意志品质。自觉性是一种积极的意志品质,具有自觉性品质的人能够根据社会实践的要求,结合自身的认识积极自觉地确立行动目的,表现出一定的主动性和自觉性,其所做出的决定不是在被动条件下完成的,因此其行为具有一定的主动性和独立性。由于行动目的是自己自觉确立的,个体对行动目的的合理性和社会意义具有自觉的认识,在实现目的的过程中既坚持原则性又保持灵活性,具体表现为既能够排除诱惑与干扰,又能够不固执己见,善于吸取有益意见,进而使坚决实现目的的态度和行动一以贯之,并可以根据条件的变化而随时调整目的和行为。

与自觉性相反的意志品质是盲从和武断。盲从是指自己不能独立自主地确立行动目的,表现为在确立目的时容易接受别人的暗示和影响,其认识缺少独立性和自主性。由于行动目的不是自己自觉确立的,因此其行动不是从自己的认识和信念出发,进而导致行动没有明确的方向,容易受外界因素的影响或是被别人的言行所左右,执行行动过程中缺乏坚定的信心与决心,经常改变行动的方向。武断是指在确立目的时缺少认真的分析,轻易地下决定并一意孤行。由于缺少对现实情况的认真分析,因此其行动目的往往缺少合理性和原则性,不能有效地引导行动的方向。武断的人不但在做决定时固执己见,而且在执行决定过程中拒绝和排斥别人的批评与劝告,不善于吸取经验教训,因此导致行动注定以失败而告终。盲从和武断都是一种消极的意志品质,都体现出缺乏对行动目的的自觉认识和对行动的合理调节,前者易使人人云亦云、人行亦行,后者易使人独断专行、好为人师,都是缺乏自觉性的不良意志表现。

意志的果断性与犹豫和草率。意志的果断性是指人在采取决定和执行决定过程中迅速而坚决地做出决断的意志品质。果断性是一种积极的意志品质,具体表现为作决定时当机立断,毫不犹豫;执行决定时雷厉风行,决不拖泥带水;遇到问题时勇敢面对,毫不回避。果断性是以自觉性为前提,以大胆勇敢和深思熟虑为条件,即人们常说的有勇有谋方能果断。具有果断性品质的人善于对实践活动中所遇到的各种问题情境做出准确的分析和判断,洞察问题的是非真伪,并在此基础上迅速出击,果断做出决断。如果缺少了认识上的准确分析,不能把握问题的实质和关键,则很难做到果断。

与果断性相反的意志品质是犹豫和草率。犹豫也可以称为优柔寡断,是指在做决定时拿不定主意,犹豫不决;在做出了决定后也迟迟不行动,迟疑拖延;执行决定时信念不坚定,怀疑动摇,甚至放弃决定。犹豫不决一方面说明了个体认识上的不足,由于缺乏对问题的清晰认识,不敢保证决定的准确无误,才会患得患失;另一方面也反映出个体性格上的某些特征。草率是指没有对问题认真分析就急于做出决定,并在行动中表现为冲动和鲁莽。表面上看起来其采取决定快速,执行决定风风火火,显得很果断,究其实质是害怕对问题进行认真细致的分析,怀着侥幸的心理。犹豫和草率都是一种消极的意志品质,都表现为不能或不敢对问题进行认真的分析,前者易使人错失良机,后者易使人急于求成,都是缺乏果断性的不良意志表现。

意志的坚持性与顽固和动摇。意志的坚持性是指人能坚持决定并以坚韧不拔的毅力克服行动中的困难和挫折,最终实现预定目的的意志品质。坚持性是一种积极的意志品质,它最好地体现出了意志的本质,证明了意志对于个体心理的功能。具有坚持性品质的人在认识上坚信自己所作决定的正确与合理,在情感上愿意为此决定付出并乐此不疲,在行动中不惧怕和回避困难,压力面前不屈服,引诱面前不动摇,持之以恒,坚持到底。现实生活中,任何人做任何事都不会一帆风顺,或多或少都会遇到艰难和阻力,如果没有意志的坚持性品质作为保障,那么所有人最后都将一事无成。正是由于坚持性的重要,所以从古到今人们一直都把培养坚韧的意志品质作为激励和劝诫自己以及他人的座右铭,是励志教育中颠扑不破的真理。同时,古今中外无数成功者的事例无不证明了坚持性对于事业以及人生的重要价值。

与坚持性相反的意志品质是顽固和动摇。顽固是指不能对自己的决定作理智的评价,行动中一意孤行,固执到底。从表面上看,顽固的人似乎具有很好的坚持性,能够坚持把决定执行到最后,但实际上他们往往在坚持一个已经发生了变化、明显不合理的甚至是错误的决定,这种坚持性不但不能体现出意志品质的坚强,反而说明了其意志品质的薄弱。他们之所以顽固到底,其实质是不敢正视现实,缺少修正或是放弃不合理决定的勇气,行动中不是根据已经变化了的形势灵活采取对策,而是选择了回避或是权宜之计。动摇是指在执行决定过程中一遇到困难或阻力就开始怀疑最初的决定,然后不加分析地就轻易改变或是放弃决定,致使行动多变,目的落空。由于动摇往往都是发生在遇到困难时不能坚持,其本身就说明了意志的坚持性较差。顽固和动摇都是一种消极的意志品质,都表现为行动中对困难的逃避,前者易使人僵化不灵活,后者易使人善变不可信,都是缺乏坚持性的不良意志表现。

意志的自制性与任性和怯懦。意志的自制性是指人能够自觉地调控自己的心理以及言行的意志品质。自制性是一种积极的意志品质,它很好地体现了意志的发动和制止的功能。自制性一方面表现为积极发动行动去执行已经采取的决定,并能在遇到困难时调动心理能量去积极应对;另一方面表现为对消极情绪和冲动行为的制止,能够做到忍耐克己,抵制不利于达到目的的各种心理阻力。具有自制性品质的人表现为理智清醒、情绪稳定、意志坚强、言行得体、人格统一,他们具有较强的组织性和纪律性,能够控制自己在该做什么事时就做什么事,并在行动中保持注意力的集中,因此其行为效率高,并能做到胜不骄败不馁。

与自制性相反的意志品质是任性和怯懦。任性是指不能用理智来指导自己,喜欢感情用事,不能约束自己的言行,放纵自己,任意而为的倾向。具有任性品质的人由于不能有效地调控自己的情绪和行为,因此当他们顺利时会忘乎所以、为所欲为,当不顺利时则激情冲动、不能自制。这种人经受不住艰难困苦的考验,做事情容易率性而为,难以承担重任。任性的养成大多为缺少良好的管教以及不良的环境所致。怯懦是指不能有效发动行动去执行决定,行动时表现为畏缩不前,遇到困难时容易惊慌失措,不能自控。任性和怯懦都是一种消极的意志品质,都表现为行动中对心理和行为的失控,前者易使人无理取闹、令人生厌,后者易使人唯唯诺诺、令人生怒,都是缺乏自制性的不良意志表现。

意志品质的好与坏不是天生的,它的形成来自于后天的培养和锻炼,每个人都可以通过生活实践的锻炼来使自己建立起积极的意志品质,关键在于是否能够对自己意志品质有一个清晰的认识和客观的评价,进而去努力发扬积极的品质,克服消极的品质。

意志体现:意志与挫折

意志行动的一个特征就是与克服困难相联系,因此在行动中能否战胜困难和能够战胜多大的困难,就很好地说明了一个人的意志力如何。只要个体愿意为自己所作决定付出意志努力,大多数时候都可以战胜困难,实现预定目的。但有些时候,意志行动会遇到无法克服的干扰和阻碍,致使预定目的难以实现,此时人就会产生一种紧张的情绪反应状态,这被称作挫折。挫折是日常生活中比较普遍的一种现象,每个人都会遇到,人们习惯于叫作"碰钉子"。挫折不分大小,只要发生了就会使人产生挫折反应,例如在家庭里面家长拒绝小孩子的某种要求、在学校里面没有取得自己想要的分数、在工作中没有顺利完成工作任务、在赶往约会的途中遇到堵车、在求职时被拒绝、在考试中落榜等等,都会给人造成挫折,进而产生挫折反应。挫折的产生一是要有挫折情境,即干扰和阻碍意志行为的情境;二是要有对挫折的认知,即对挫折情境的认识、评价和态度。挫折情境是前提,但不是有了挫折情境就会产生挫折,关键取决于个体是如何认识和评价挫折情境的,认识和评价不同,其对挫折情境的态度就不同,进而决定了是否会产生挫折反应。生活中,不同的人遇到相同的挫折情境,有人感觉受挫,而有人就没有感觉受挫,其原因即在于此;三是产生挫折反应,即伴随挫折认知而产生的情绪或行为反应,这种反应可以是消极的,也可以是积极的。当人们遇到挫折时,之所以会有不同的挫折反应,一方面取决于对挫折的认识和评价,另一方面就取决于个体的挫折承受力。挫折承受力是指个体在遭遇挫折时对挫折的抗御和承受能力。挫折承受力强的人能承受挫折所带来的压力,并通过自己的积极意志努力去抗御挫折,而不会产生消极的情绪或行为反应;挫折承受力弱的人则承受不住挫折所带来的压力,在挫折面前屈服,丧失了抗御挫折的意志努力,进而产生一些消极的情绪或行为反应。

　　挫折形成的原因可以分为客观因素和主观因素。客观因素就是指来自于主体以外的客观存在的干扰和阻碍,包括自然因素如自然灾害、意外事故、生老病死等,社会环境因素如政治、经济、文化、道德、风俗、传统、舆论等。主观因素就是来自于主体自身的障碍和限制,包括生理因素如身体的残疾、先天的缺陷和疾病等,心理因素如过高的志向水平、不客观的自我评价、较弱的心理承受力、性格的不足等。面对挫折的客观因素,我们应该做到不回避、不退缩,发挥积极的意志努力去适应和改变;面对挫折的主观因素,我们应该做到正视现实、积极调整,减少挫折情境的发生。

　　个体遭受挫折后一般都会产生挫折反应,这些反应包括情绪性反应、理智性反应和个性的改变。情绪性反应是最多最常见的反应,而且主要表现为消极的情绪反应,具体有以下几种形式:攻击,即遭受挫折后发泄怒气的一种行为,分为身体攻击和言语攻击;退行,即遭受挫折后表现出来的一种与年龄和身份不符的幼稚行为,分为本人意识不到的由成熟向幼稚倒退的反常现象和像小孩子一样缺乏明辨是非的能力而具有很强的受暗示性;逃避,即遭受挫折后不敢面对现实和正视挫折而采取的一种逃避和放弃行为;冷漠,即遭受挫折后表现出的对挫折情境的漠不关心和无动于衷的行为,一般发生于长期遭受挫折和无力改变挫折情境的情况下;固执,即遭受挫折后所表现出来的一种缺少理智分析的盲目的重复性的刻板行为;幻想,即遭受挫折后所表现出的不符合现实的想象的和虚幻的行为。理智性反应是指个体遭受挫折后能够理智地分析挫折产生的原因,并付出意志努力去积极应对挫折,一种情况表现为坚信目标的正确,继续努力奋斗;一种情况表现为调整目标,再做尝试。个性的改变是指个体在遭受持续的或重大的挫折后使某些情绪和行为反应在身上加以固定,形成了某种个性特征。这种个性的改变更多的时候是朝一种消极不良的个性特征方面变化。以上三种挫折反应中,理智性反应是一种积极的反应,体现了个体在意志行动中对困难的克服,是良好意志力的展现,而情绪性反应与个性的改变都是一种消极的反应,表现了个体在意志行动中对困难的屈服,是不良意志力的体现。

意志行动中的挫折是不可避免的,但是挫折带给人们的不都是消极的影响,它在某些方面也可以给人带来积极的影响。正是有了挫折才给人提供了表现意志努力的机会,才可以在抗御挫折过程中磨炼人的意志品质,增强人的挫折承受力,从而提高人战胜挫折的勇气,形成坚强的意志人格。所谓"梅花香自苦寒来"、"不经历风雨就见不到彩虹",生活中那些愈挫愈勇的例子给了人们生动的证明。因此,生活中应该客观看待挫折,形成对挫折的正确态度,不能在遭受挫折后就总认为自己比别人倒霉,所有的挫折情境都被自己遇上了,而别人一点也摊不上,这种想法就容易使人产生消极的挫折反应,而不能理智地应对挫折。实际上所有人都是一样的倒霉,只不过人家倒霉的时候你没有见到而已,因为挫折是生活中不可或缺的一个组成部分,是人生中必须经历的一个过程,只不过有人早经历,有人晚经历而已,绝不存在那个人不经历的情况。另外,除了对挫折有个正确的认识外,还应该在行动之前调整自己的抱负水平并客观地评价自己,不要过高估计自己而定一个难以实现的高目标,也不要过低估计自己定一个低目标而错失机会,这两种情况都会导致挫折的产生。在挫折发生后要及时总结经验教训,失败了不要紧,关键在于是否能够吸取教训,积累经验,避免以后再遭遇同样的失败。坚强的意志就在于在哪跌倒就在哪爬起,而不是在同一个地方跌倒两次。

意志反思:意志的自由

意志作为人类意识能动性的体现,其实质到底是自由的还是不自由的,一直以来都是人们关心和讨论的话题。在普通人看来意志就是自由的,即自己想做什么就做什么,想怎么做就怎么做,这难道不是自由的吗?这种理解是否正确呢?让我们来看看哲学和心理学做出的解释。

行为主义心理学把人类的心理简单概括为刺激与反应(S-R反应)之间的关系,认为心理的产生就在于人对相应刺激所作出的反应,其间没有任何意识活动的参与,因此就谈不上意识对心理和行为的调节作用,进而否定了意识的能动作用。这种对意识采取完全否定的态度,是一种极端的机械论观点,完全忽视了人类生命个体的能动特征,把人等同于非生命体。由于不承认意识的存在,也就不存在意志是自由还是不自由的问题。这是对意志的一种错误理解,是不符合人类心理实际的观点。但是这种观点在现实生活中也一定程度上存在,具体表现为人们的"宿命论",即人的一切行动和结果都不是由自己的意志决定的,而是上天已经安排好了的,因此无论人怎么做都改变不了最终的结果。受这种观点的影响,一些人便被"命中注定"、"听天由命"的思想所摆布,进而产生一些封建迷信的行为,严重削弱了人们的斗志,腐蚀了人们的思想。

唯心主义的"唯意志论"哲学思想则认为意志是一种独立于客观现实的、纯粹的精神力量,它可以超越物质世界,不受任何客观规律的制约,是一种完全的"自我"表现。19世纪德国哲学家尼采和叔本华都是"唯意志论"的典型代表人物,他们极力宣扬"权利意志"、"生的意志"、"人的自由意志主宰一切"的思想;当代澳大利亚生物学家艾克尔斯把人的意识和大脑看作是两个相对独立的实体,不是大脑产生意识,而是意识先于大脑而存在并通过向大脑传递意识经验来调控人们的行为,因此意识是"第一性的实在",而其他事物都是派生的,是"第二性的实在",进而否定意志对客观规律的依存性,宣扬意志的绝对自由。现实生活中受这种观点影响的人极易形成极端主义思想,表现出各种极端行为,使自己变成一个极端主义者。这种把意志看成是绝对自由的思想,是从另一个极端歪曲了意志的本质。

关于意志的自由问题,辩证唯物主义哲学给出了正确的解释,即意志既是自由的,又是不自由的。说它是自由的,是因为在一定条件下人们确实可以按照自己的意愿来自主地确定行动目的,选择行动方法,发动行动来实现目的,或是制止行动停止对目的的追求,这充分体现了人们的意志自由;说它是不自由的,是因为人们在自由做决定和自由采取行动时必须服从客观规律的制约,否则就会在实践中碰壁,使意志行动的目的不能实现,这又体现了人们的意志不自由。生活中所有事情的运行都是这一原理的生动体现,任何时候只要违背了这一原理,都会使人由"自由"变为"不自由"。意志自由是相对的而不是绝对的,意志自由不在于它本身可以毫无约束地随意创造一切,而在于人对客观规律的认识和运用的程度。人对客观规律的认识越深入越全面,运用越正确,就越可以在更大的范围内享受意志的自由。正如恩格斯所说:"自由不在于幻想中摆脱自然规律而独立,而在于认识这些规律,从而能够有计划地使自然规律为一定的目的服务。因此,意志自由只是借助于对事物的认识来做出决定的那种能力。"这一论断既指出了意志自由的存在,又对意志自由的本质做出了科学的解释和严格的限定。概而言之,在相对的、有条件的意义上,意志是自由的;在绝对的、归根结底的意义上,意志又是不自由的。

知、情、意:三种心理过程的关系

认识、情绪情感、意志是人的三种基本心理过程,它们在人的整个心理活动中各自发挥着不同的功能,但它们彼此之间不是割裂的,而是相互联系、相互制约的关系,这种关系既有区别又有联系,正是通过它们之间的相互作用才使人类心理过程的整体功能得以实现。

认识与情绪情感。二者的区别主要表现在:首先是两种心理过程反映的内容不同。认识过程反映的是客观事物本身,即客观事物是什么以及事物是如何发生、发展和变化的,其间有什么规律。其认识的表现形式是有关事物的具体形象、代替具体事物的抽象符号以及通过认识加工所形成的各种抽象概念。通过认识过程，人获得了知识、积累了经验，进而实现了对客观世界的认识。情绪情感过程反映的是客观事物与个体需要之间的关系，即客观事物是符合自身的需要、违背自身的需要还是与需要无关。其情绪情感的表现形式是一定的态度体验，客观事物与自身需要之间的关系不同，所产生的情绪情感体验就不同。生活中，不同的人对相同的事物会有不同的情绪情感体验，同一个人对不同的事物也会有不同的情绪情感体验，原因就是这些事物与人们的需要之间形成了不同的关系。通过情绪情感过程，人了解了自身需要与外界事物的关系，进而反映出了一个人的心理喜好与行为趋向，丰富了人性的色彩。其次是两种心理过程发生和改变的方式不同。认识过程的发生和改变在一定程度上具有随意的性质，即人可以随时开始或是停止某种认识活动，可以支配认识活动的方向以及认识的程度，这些活动完全取决于自身的意愿，可以不受任何力量的控制和约束。情绪情感过程的发生和改变一般不具有随意性，即人不能随意地命令自己或是强迫自己产生某种情绪情感体验，它的发生和改变是在某种刺激作用下自然而然的过程，不是人为控制和约束的。

二者的联系主要体现为：首先认识过程是情绪情感过程的基础。人只有在认识事物的过程中，才能了解自身需要与客观事物的关系，进而产生相应的情绪情感体验。同一事物在不同的时间和场合下出现，人会产生不同的情绪情感体验，原因就在于人通过认识过程知道了它与自身不同需要之间的关系。例如人们在动物园看到老虎会很高兴，因为你此时的认识告诉你它不会出来伤人，你现在满足的是观赏需要；而当人们在森林里看到老虎时不是高兴而是恐惧，因为你此时的认识告诉你的是它会吃人，现在满足的不是观赏需要而是逃生需要。由于情绪情感过程在认识过程的基础上产生，因此伴随着认识过程的深入，人们的情绪情感过程也会变得强烈和深厚，正如俗语所说的"知之深，爱之切"。生活中很多事情都很好地反映了这一原理，例如父母对于粮食的爱惜与子女浪费的无所谓，其巨大反差就在于认识的不同。泰戈尔对于认识与情感的关系有一句名言："爱是理解的别名。"其次情绪情感过程对认识过程具有反作用力。这种反作用力可能是积极的，也可能是消极的。当人们对事物或事件持积极的情绪情感时，它就会对认识过程起积极的促进和推动作用。这些积极的情绪情感包括强烈的求知欲、浓厚的兴趣、坚定的自信等,正如爱因斯坦所说:"热爱是最好的老师。"当人们对事物或事件持消极的情绪情感时,它就会对认识过程起消极的干扰和阻碍作用。这些消极的情绪情感包括焦虑、恐惧、厌烦、自卑等。心理学研究已经证明,人在积极的情绪情感状态下,大脑的认知活动呈现出活跃性,而在消极的情绪情感状态下,大脑的认知活动则呈现出阻滞性。

认识与意志。二者的关系表现为:一方面认识过程是意志过程的基础。首先意志行动的目的是通过认识过程而提出的,人不能一出生就把一生中所有意志行动的目的都带来,每一个目的都是在人的社会实践活动中,在社会需求与自身需求的作用下,通过认识过程的分析和评价而做出的选择。脱离了社会实践与认识过程,大脑不会自动产生各种目的,意志行动也就不能展开。其次意志行动中实现目的的方法手段以及克服困难所需要的各种知识经验也都来自于认识过程。另一方面意志过程也影响认识过程。首先人的各种认识活动是一种有目的、有计划并需要克服各种困难才能得以实现的过程,比如知觉活动的深入、观察活动的组织、有意注意的维持、有意记忆的进行、思维逻辑的展开等都需要意志过程的参与,没有意志过程的保障,人的认识过程难以展开和深入。其次人类认识世界的过程都是在变革现实的过程中完成的,而一切变革现实的实践活动都是意志行动,都要受到意志过程的支配和调节。可见,没有意志过程,就不会有深入的、完全的认识过程。

意志与情绪情感。二者的关系表现为:一方面情绪情感对意志具有作用力。这种作用力有时表现为意志的动力,有时表现为意志的阻力。在积极的情绪情感作用下,人的意志力会增强,即使遇到再大的困难也不退缩,原因就在于喜欢和热爱,因此才会知难而进、乐此不疲;在消极的情绪情感作用下,人的意志力会减弱,稍微遇到困难就会退缩,原因就在于被迫和厌烦,因此才会知难而退、半途而废。另一方面意志与情绪情感相互制约。人的各种情绪情感要想表现适度必须通过意志来进行控制,但并不是所有的时候意志都能很好地控制情绪情感,二者的制约关系呈现出此消彼长的变化趋势。意志品质坚强的人能够做到对情绪情感的合理调控,使之得以理智地表现;意志品质薄弱的人则很难做到对情绪情感的合理调控,经常使之得以情绪化地表现。日常生活中,人们常说的"理智战胜情感"、"情感战胜理智",表面上看是理智与情感发生了冲突,实质上是意志与情感的冲突。当人们的意志能够控制情感使之得以理智地表达,即"理智战胜情感";当人们的意志不能控制情感而成为情感的奴隶,使情感的表达背离理智的方向,即"情感战胜理智"。

第十一章

个性及其倾向性

什么是个性

生活中人们使用相同的心理过程来实现自身与客观世界的反映,这些相同的心理过程在不同的人身上表现出来的时候却具有了不同性,每个人的内在心理世界以及外在行为反应都是与众不同的,正是这些不同性使人们有了差异,使社会生活变得丰富多彩,人们在心理上的这种差异就构成了心理现象的另一部分内容,即个性心理。

个性的定义。个性一词在英语中为 personality,这个词最早来源于古希腊语的 persona,其本意是指"面具",即演员在舞台上演戏时所戴的面具,面具不同就说明所扮演的角色不同以及角色的特点和人物的内心活动不同。心理学家借用其意思来说明一个人的个性,即一个人在人生舞台上扮演角色时的典型心理和行为特征的不同,人的个性就如戴了面具一样,有些东西是显露在外可以示人的,有些东西是隐藏在内不可以示人的,这恰好说明了人的个性是外显与内敛的统一。现代心理学对于个性的界定是指一个人在社会生活中所具有的、不同于他人的、带有一定倾向性的稳定的心理特征及行为模式总和。这个定义首先反映出个性是指一个人稳定的外在行为模式,一个人的个性如何是通过他在生活中的行为反映出来的,当某种行为具有了稳定性后,某种个性特征就形成了。例如生活中有些人的行为模式就是事事迟到,而有些人的行为模式则是事事提前,这两种不同的行为模式就是两种个性特征的体现。其次,这个定义也反映出人的外在行为模式是受其内在心理特征支配的,这些内在的心理特征包括习惯性的思维方式、经常性的情感体验方式、稳定的态度及动机体系,它们共同构成一个人内在的动力组织。正是在这种动力组织的支配和调节下,人表现出了稳定的行为模式。对于每一个个体来说,其内在的动力组织和外在的行为模式一般情况下是统一的,即有什么样的内在动力组织就有什么样的外在行为模式,这表现出了个性的表里如一。但有些时候,个体的内在动力组织和外在行为模式之间也存在不统一的情况,即内在动力组织和外在行为模式正好是相反的,这又表现出了个性的表里不一。总之,个性就是这样一种蕴蓄于内,形之于外的心理统一体,具有一致性的同时又具有复杂性。这种心理统一体从结构上来说包括个性倾向性和个性心理特征两部分,个性倾向性包括需要、动机、兴趣、理想和信念,个性心理特征包括能力、气质和性格。

个性的特征。个性作为一种心理综合体,反映了人的整个心理面貌,其特征主要表现在以下几个方面:第一,个性是生物性与社会性的制约体。人既是一个生物实体,也是一个社会实体,因此,个性在形成和发展过程中既受生物因素制约,又受社会因素制约。生物因素主要是指个体的遗传素质,这些遗传素质为个性的形成和发展提供了前提和基础,影响个性形成的进程及发展的方式,但不能决定个性发展的方向。社会因素主要是指经济、政治、习俗、道德等社会意识形态,在这些社会因素的影响和作用下形成了个性的各种心理内容,决定了个性的发展方向。第二,个性是独特性与一般性的统一体。就个体来说,个性是极其独特的,就如德国哲学家莱布尼茨所说"世界上找不到两片完全相同的树叶"一样,世界上也找不到两个个性完全相同的人。因为个性是在多种因素的共同作用下形成的,这些因素对每个人来说都是不同的,其作用方式也是不同的,因此在它们的作用下所形成的个性也完全不同。就群体来说,个性又具有一般性,即群体中每个成员身上都具有的一些个性特征,这些共有的个性特征是在相同的环境影响下而形成的,正是这些共有的个性特征才把不同的人聚集到一起形成互不相同的群体,具体表现为国家、民族的个性特征。第三,个性是稳定性与可变性的矛盾体。个性一旦形成之后,就极其稳定不容易发生变化,并稳定地表现在各种时间和场合中,所谓"江山易改,禀性难移"就非常形象地说明了个性的稳定性。因为个性的形成和发展不是一蹴而就的,而是一个逐步积累缓慢发展的过程,这种经过日积月累所建立起来的个性不可能说变就变。也正因为个性具有稳定性,我们才能把个性加以区分并有效预测个体的行为表现。但是,个性的稳定性是相对的,不是绝对不可以改变,当影响个体个性形成和发展的主客观因素发生变化时,个性也可能随之发生改变。正是因为个性具有可变性,我们才有可能在实践中采取各种措施去塑造和完善一个人的个性。第四,个性是统合性与发展性的功能体。个性是一种综合的心理构成体,构成它的各种心理倾向性和心理特征之间彼此不是割裂的,而是一个有机的整体,其内部具有一定的一致性。当这些心理成分彼此协调统一时,个体的人格就是健康的;当心理成分出现分裂,彼此不能协调统一,个体的人格就是不健康的。不同的个性特征在个体的心理发展中具有不同的功能性,它在一定程度上决定了个体的人生成败,例如同样是面对挫折和失败,个性坚强的人会愈挫愈勇、坚持拼搏,而个性懦弱的人则会一蹶不振、丧失斗志。

个性的形成与发展。个性是在多种因素的影响和作用下形成的,具体包括以下几种因素:遗传素质是自然前提。遗传素质是指个体与生俱来的解剖生理特征,最主要的就是个体大脑和神经系统的结构和机能,这些遗传素质为个性的形成提供了生理基础和发展的潜在可能性。不具备某种遗传素质,相应的个性特征也不可能形成。但不是说具有了某种遗传素质就肯定能形成某种个性特征,遗传素质对于个性的形成和发展只是必要条件而不是充分条件。社会生活是决定条件。个体从自然人转变为社会人,必须经过社会化,在社会化的作用下建立起个体的心理系统。如果没有社会化的过程,个体的心理系统就不能建立起来,更谈不上个性的形成了,狼孩的例子已经很好地说明了这一问题。教育是主导作用。教育作为一种特殊的环境因素,在个体的个性形成和发展中起到主导作用,因为教育是一种有计划、有目的、有组织的活动,它对个体所施加的都是系统的、正面的积极影响,在它的作用下可以形成个体优良的个性。内部矛盾是动力条件。个性的形成和发展在于个体能够根据自身的需求来积极应对客观环境的要求,而个体自身的需求与客观环境的要求之间总是处于一种不平衡的状态,也正是这种不平衡状态导致了个体内在的矛盾运动,进而产生动力去采取各种行为活动来化解这种不平衡,在此过程中推动个性的形成和发展。社会实践是主要途径。个性的形成与发展是主体与客体相互作用的过程,二者的相互作用是通过各种社会实践活动来实现的,如果没有这一过程,那么客观就不能反映到主观,主观也就不能见之于客观。正是通过社会实践这一途径,才把主客观联结,进而实现了个性的形成和发展。自我意识起监督调整作用。个体作为一个积极能动者,始终对自己的个性形成和发展起到监督和调整的作用,这种作用是在正确的自我认识基础上,进行合理的自我评价,积极的自我教育,进而实现自我完善。

心理的动力源泉:需要

需要的定义。需要是指由个体的生理或社会要求反映到大脑之后所引发的一种内部不平衡状态。对于这个定义,可以从以下几个方面来理解:首先,需要是由个体的某种客观要求所引发。这种客观要求可以是来自主体内部的生理需求,也可以是来自主体之外的社会要求。个体生活在环境中,要想实现生存和发展,其自身内部会不断产生某种生理的需求,例如渴了产生喝水的需求、饿了产生吃东西的需求。同时社会生活环境也会不断地向个体提出各种要求,以使个体做出回应以适应社会生活,例如父母对子女的殷切期望是孩子产生努力学习的需求,社会的快速发展促使人们产生掌握先进知识与技术的需求等。这些客观要求是需要产生的前提条件,为需要的产生提供了契机。其次,需要表现为有机体内部的一种不平衡状态。当个体自身产生的生理需求或是来自外部的某种社会要求被反映到后,就会打破个体原有的生理或心理平衡,使个体内部产生某种不平衡的状态,进而产生相应的需要。例如,当体内血液中水分或糖分成分下降时,就会引发生理上的不平衡,个体对这种不平衡的反映产生了喝水或是进食的需要;从小失去父母疼爱的孩子,打破了其对爱的需求的平衡,因此在成长过程中对爱与归属的需要就特别强烈。第三,需要是个体行为的动力源泉。当个体内部产生某种不平衡状态后,个体就会产生一种内部动力,推动个体采取某种行动去寻求某种目标,通过对目标的获得来满足相应的需要,解除不平衡状态,使个体重新恢复到原有的平衡状态。可以说个体所从事的各种活动,从满足生理求得生存到改造自然获得发展,从简单到复杂都是在需要的推动下而实现的。同时,个体的平衡与不平衡状态是周而复始的,因此行为的动力源泉也就是源源不断的。

需要的特点。需要的特点主要表现在以下几个方面:

首先,需要具有指向与驱动性。对于个体来说,无论是何种需要产生后,都会使个体的行为指向某种对象,这些对象都是个体生存和发展所必需的一些具体条件,不存在不指向任何事物的需要。生活中每个人的需要指向性有所不同,有些人更多地指向物质,有些人更多地指向精神;即便是同一种需要,不同的人其具体的指向物也会不同,因此,根据一个人经常指向什么事物作为自己需要的对象,就可以很好地判断其个性倾向性如何。需要所指向的事物就是个体所要获得的东西,只有通过这一事物的获得才能使需要得到满足。因此在需要指向某个事物的同时,也就驱动个体采取行动去追求目标,以解除由需要所引发的某种紧张与焦虑感。需要越强烈,驱动性就越强。

其次,需要具有社会与历史性。需要的产生是主体与社会环境相互作用的结果,不同的历史时期和不同的社会生活条件下,人们自身的需求以及社会对人们提出的要求都会有所不同,这就导致了不同的社会历史时期人们需要的不同,即便是相同的需要其具体内容也会不同。例如对于衣食住行的需要,从古至今都是人们不可或缺的基本需求。对于古代人来说,由于社会生产力低下,没有丰富的物质资源让他们来进行选择,因此吃东西就是为了解除饥饿,穿衣服就是为了御寒和蔽体。而对于现代人来说,随着社会生产力的提高,已经有了可以做出选择的极为丰富的物质资源,因此吃东西不是为了单纯解除饥饿,而是形成了某种文化;穿衣服在实现御寒和蔽体的同时,体现更多的是一种对美的追求。

第三,需要具有周期与渐进性。人的生理需要主要表现为周期性,即从需要的产生到获得满足,其循环周期是固定的,例如从吃饱到饥饿大约是 4~6 个小时、从觉醒到睡眠是 24 小时。由于生理需要具有周期性,因此一生当中要不断地对其满足,而不是满足一次就一劳永逸了。也正因为其具有周期性,生理需要是很容易满足的。例如对于一个饥饿的人来说,即便是面对自己最喜欢的食物,待其吃饱后也不会继续再吃,若想再吃也必须等到下一次饥饿的到来。人的社会性需要主要表现为渐进性,即一种需要满足后会产生另外一种需要,或是在得到满足的需要水平上产生更高水平的需要,这种需要的渐进性几乎是永难满足的。生活中绝大多数人在社会性需要上所体验到的都是不满足,正如俗语所说"人心不足蛇吞象"。如果把需要的这种渐进性用在物质追求上,到最后只能有两种结果,一是一无所有,二是把自己推向欲望的深渊,进而毁掉自己。俄国诗人普希金所写的童话诗《渔夫和金鱼的故事》里,老太婆由于贪得无厌最后一无所有;明代的朱载堉在散曲《十不足》中形象地描绘了人们不知满足的需要发展进程。但是如果把需要的这种渐进性用在精神追求上,则会给人们带来巨大的好处。例如对于学习,如果我们总是感到不满足,就会促使自己不断地学习,进而获得更多的知识和更高的学历水平,所谓"学无止境"就是这个道理。有需要,就得有付出,由于人们更多的时候体验到的是需要的不满足,因此就要付出艰辛和努力去奋斗,在这个过程中人们就会体验到痛苦与煎熬,感受不到生活的快乐和美好。因此从某种意义上来说,人们不快乐的根源就在于需要的不满足。那么,人什么时候会感受到快乐呢? 古人已经明白地告诉我们,那就是"知足常乐",人什么时候知足了,快乐也就产生了。道理很简单,但做起来却不是那么容易,试问一下,古今中外有几人真正做到"知足常乐"了呢? 也许,"知足常乐"就是人生所要达到的一种境界,它是一种指引,更是一种领悟。

需要的分类。生活中人们有各种各样的需要,从不同的角度可以划分成不同的需要。按照需要的来源可以分为生理性需要和社会性需要。生理性需要是由有机体内部的生理不平衡所引起,对维持有机体的生命和种族延续具有重要的意义,是一种必须满足的需要,具体包括饮食、休息、睡眠、排泄、运动、配偶、嗣后等。这些生理性需要是人和动物所共有的,但人的生理性需要决不能和动物的生理性需要画等号,二者具有本质的区别。由于人是一种社会性动物,生活在一定的社会关系当中,受到来自社会生活各个方面的影响,因此人的生理性需要的内容及其满足方式都具有社会性的制约,这一点是动物所无法做到的。例如人在吃东西时会注意用餐礼仪,而动物吃东西时则没有这些讲究。社会性需要是由社会生活对个体提出的要求所引起,对维系人类社会生活、推动社会进步具有重要的意义,是一种人类所特有的需要,具体包括劳动、交往、学习、成就、赞许、审美、奉献、创造等。生理性需要与社会性需要的划分是相对的,而不是绝对的,很多时候二者是融合在一起的。例如吃东西是为了满足生理性需要,而在现代社会,吃东西已经不仅仅是为了满足生理性的需要,更多的时候是为了满足社会性的需要。

按照需要的性质可以分为物质需要和精神需要。物质需要是指人们生存和发展所必需的一些物质产品,具体包括日常生活的必需品、劳动与工作的物质条件、居住与交通的条件等等。对于物质的需要是人们的一项基本需求,如果得不到满足,将会影响人们的生存和发展,因此生活中的每个人一生中都在努力奋斗着,以求得物质需要的满足。但是,对于物质需要我们又不能太执着,应该把握一种合理的尺度,否则,对于物质的过分需求如果不加以控制的话,就会演化成一种贪欲,这种贪欲会慢慢迷失人的理智、削弱人的意志、泯灭人的本性,进而毁掉人的一生。精神需要是指人们为了获得精神上的满足所指向的一些精神产品,具体包括书籍、报刊、音乐、戏剧、舞蹈、美术、影视等等。作为社会性动物,人在满足物质需要的同时,也需要满足其精神需要,如果只有物质需要的满足,而精神需要一片空白,那么人将感到生活的无聊、生命的空虚、人生的无意义。人只有在精神的指引下,才会感受到生活的丰富与多彩、生命的厚重与踏实、人生的价值与意义。物质需要与精神需要的划分也是相对的,物质需要是精神需要的基础,人不能脱离物质空谈精神,否则就会走向唯心主义道路;同时,人们在满足物质需要的过程中也体现了一定程度上的对精神需要的满足。

美国著名的人本主义心理学家马斯洛把人的需要划分为七种,即生理需要、安全需要、爱和归属的需要、尊重需要、认识和理解需要、审美需要、自我实现需要。后来去掉了认识和理解需要、审美需要,使需要变为五种,并将这五种需要按照满足的次序排成一个金字塔形,这就是著名的马斯洛需要层次论。在这一理论中,马斯洛认为这五种需要都是人与生俱来的基本需要,从生理需要到自我实现需要是按层次排列的,并逐级实现,即只有前一层次的需要得到满足或是部分满足才有可能产生下一层次的需要,并且随着需要层次的增高,能实现需要满足的人数比例会越来越少。马斯洛的需要层次理论提出后,得到心理学界的高度重视并引发了多方面的研究,尤其是在实践领域得到了广泛的应用,例如管理学中激励理论的理论基础之一就是需要层次论。但我们也应看到该理论的局限与不足,尤其是它把所有的需要都看作是个体与生俱来的生命潜能,忽视了个体需要的社会性内容及产生的社会性条件,是值得探讨和商榷的。

图 11 –1 马斯洛需要七层次图

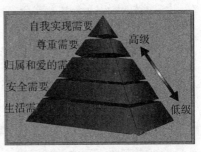

图 11 –2 马斯洛需要五层次图

行为的背后推手:动机

动机的定义。动机是指引起和维持个体活动,并使活动朝向一定目标的内部动力。这种内部动力表明了人想做什么以及为什么这么做。人的各种活动都是在一定的动机推动下而产生的,从简单的饮食活动到复杂的生产实践活动,背后都有相应动机的推动。由于动机是一种内部推动力,不能从外部直接观察到,但可以通过由它所引发的行为活动间接地推断出来。通过个体选择任务的行为可以推断行为动机的方向,通过个体在行为活动中的意志努力程度可以判断其行为动机的强度。

实质上,动机是需要的一种表现形式。需要一般有三种表现形式:一是意向,即模糊地意识到的需要,此时的需要到底是什么,个体是说不清楚的,只是模糊地感觉到了某种欠缺;二是愿望,即明确地意识到并想去实现的需要,此时个体已经非常清楚地知道自己的需要是什么,并时刻想着如何立刻实现;三是动机,即可以激起和维持个体的活动并指向一定目标的需要,此时个体明确想实现的需要已经不仅仅停留在想法中,而是真的变为一种实际行动去指向目标,并通过对目标的获得来满足相应的需要。可见,动机都是由一定的需要转化而来的,通过动机的作用把个体内在的需求以行为活动的方式加以客观化。动机虽由需要转化而来,但不是所有的需要都可以转化为动机,需要转化为动机必须具备一定的条件。一是需要必须达到一定的强度。如果强度不够的话,那需要只是以意向和愿望的方式存在,并不能转化为动机引发实际行为活动。例如,当人闲来无事时感觉的口渴与人从事剧烈体育运动流了大量汗后的口渴相比,由于前者的需要强度明显弱于后者,因此个体并不会立刻去找水喝,而后者则会想方设法立刻寻求满足。二是外界有合适的诱因。所谓诱因是指能够激起有机体的定向行为,并能满足某种需要的外部条件或刺激物。有些时候个体内部的需要并不强烈或是根本没有需要,在一定诱因的作用下产生了相应的需要并使之强度增强。例如人们逛商店回来后总是发现自己购买了之前并没有想买的商品,其原因就是商品的某些外在特征对你起到了诱因的作用,而促使自己做出了购买的行为。这两个条件并不要求同时具备,只要满足其中一个条件,需要就有可能转化为动机,例如成语"饥不择食"与"见财起意"就很好地说明了这一问题。当然如果两个条件同时具备,需要就更容易转化为动机。

动机的功能。动机的功能主要表现为以下几个方面:首先,动机具有激活功能。由于动机是需要的一种表现形式,表明了人想做什么以及为什么这么做,而需要是人内部的某种需求,要想实现需要的满足必须通过实际行动来进行,因此当需要转化为动机之后,动机就能激发个体产生某种行为活动,使个体由静态转向动态,促使个体的能动性得以展现和实施。例如学生为了取得优异成绩而努力学习、员工为了获得老板赏识而勤奋工作、个体为了摆脱孤独而结交朋友等行为,都是在相应动机推动下产生的。动机的强度不同,其激活的力量就不同。一般来说,动机强度越大,激活力量就越大。其次,动机具有指向功能。被动机所激发起来的行为肯定会指向某种目标,这一目标就是个体最初所想要的,能满足其需要的物体,它指明了行为活动的方向和目标。在同一动机支配下,行为活动可以指向不同的目标,例如出于休息的动机,个体可以选择不同的休闲方式,有人看书、有人下棋、有人钓鱼、有人打球、有人看电影、有人逛公园,其具体指向的目标各不相同。不管行为活动指向何种目标,其目的都是使原有的动机得以实现。再次,动机具有维持和调整功能。一种行为活动被激活后,其能否坚持到最后最终实现目标,始终受到动机的调节和支配。动机的这种维持作用是由个体的活动与预期目标的一致程度来决定,当活动指向个体所预期的目标,这种活动就会在相应动机的作用下维持下去;相反,当活动背离了个体所预期的目标时,这种活动的动力就会减弱,直至停止下来。因此,动机激活行为活动后,个体就会积极进行各种认知活动,如计划、组织、监督、评估、决策、调整等,通过这些认知活动来监控动机与目标之间的关系,以保证二者之间的关系协调统一,使行为活动能够坚持下去。

动机的分类。人类的动机可以说是多种多样,只要有一种行为活动,其背后就有一种或多种动机的推动。而人一生中所从事的行为活动是没有办法计算的,如果按此推理,那么人的动机也将多得无法计算。实则不然,尽管人一生中从事的行为活动无数,但这些行为活动大多数都属于重复性的,还有很多是相似或同类的,因此其背后的动机要么是同一动机的无限重复,要么是同类动机的变式应用。

在人的一生中具有重要作用的动机大致可以分为以下几类:按照动机的性质分为生理性动机和社会性动机。生理性动机主要由人的生理性需要转化而来,由它所激发的行为活动都是为了满足个体的生存和发展,满足生理性需要而服务,其动机水平会随着生理需要的满足而下降,并在一生中周而复始地发挥作用。社会性动机主要由人的社会性需要转化而来,是人类所特有的动机,由它所激发的行为活动是为了满足个体的社会性需要,使个体获得良好的社会适应。对于人来说,纯粹受生理动机推动的行为极为少见,更多的时候是生理动机与社会动机共同的推动,例如母性动机就是生理和社会动机的结合体,共同推动其对子女的抚养与照料。按照动机的来源分为内部动机和外部动机。内部动机主要来自于个体的各种内部需求,这种内部需求既有生理性的需求也有心理性的需求。外部动机主要来自于个体以外的各种刺激与要求的作用,当这些刺激与要求被个体反映到并接受时,才会使个体产生动机行为。很多时候,个体所从事的行为活动既有内部动机的作用也有外部动机的作用,例如学生的学习活动,其内部动机包括对学习本身的兴趣、对学习价值的认识,外部动机包括老师的表扬、家长的奖励等。内部动机与外部动机并不是相互对立的,二者可以相互转化,当个体缺少内部动机或是内部动机不足时,可以通过适当的外部动机作用使其建立或巩固内部动机,例如通过奖赏去巩固内部动机。但奖赏要适度,过多的奖赏不但不会巩固内在动机,有时反而可能降低个体的内在动机水平,这就是心理学中著名的"德西效应"。按照动机的作用分为主导动机和从属动机。人的行为往往是在多种动机推动下完成的,在这些动机中,那些起主要作用的动机就是主导动机,它支配着行为活动的方向和强度;那些起次要作用的动机就是从属动机,它对行为活动起到维持和支撑作用。随着人们从事活动的发展与改变,主导动机与从属动机的关系也始终处于不断变化之中,某些时候主导动机变成了从属动机,反之亦然。例如在学生的学习生涯中,在小学时期的主导动机主要来自于外部的奖赏与赞扬,而到了高中以后这些外部的奖赏与赞扬则成了从属动机,其主导动机变成对学习的兴趣及对学习重要性的认识。

动机与行为。动机激发行为的产生,与行为有关的各种要素都与动机具有密切的关系,主要表现在以下几个方面:首先,动机与行为目的的关系。动机是行为活动的原因,目的是行为活动的结果。在简单的活动中,动机与目的是相同的。在复杂的活动中,动机与目的的关系也是复杂的,同一种动机可能指向不同的目的,例如同样是出于为国家建设贡献力量的动机,不同行业的劳动者所指向的目的是不同的;同一个目的可能由不同的动机引起,例如对于学生来说,考上大学是大家共同的目的,但背后起推动作用的动机却是各有不同。其次,动机与行为效果的关系。一般来说,动机与行为效果是一致的,即良好的动机产生良好的行为效果,不良的动机产生不良的行为效果。但在实际生活中,有时良好的动机不一定会产生良好的行为效果,例如生活中的"好心办坏事"就是一个明显的例子。它给我们的启示就是,做事情的时候仅有好的动机是不够的,还要思考如何做,怎样把好的动机变成好的结果。再次,动机与行为效率的关系。任何人做事情都希望有较高的行为效率,而行为效率与动机强度具有密切的关系,一般来说,动机强度越大,其行为效率应该越高,但在具体工作中,并不是动机越强,行为效率越高。心理学研究表明,动机强度与行为效率之间呈现出一种倒转的 U 型曲线关系(见图 11-3)。从图中可以看出动机强度处于中等水平时行为效率最高,也就是说,中等强度的动机最有利于任务的完成,过强的动机反而使行为效率下降,不利于任务的完成。这启示我们,无论做任何事情都应该保持一种中等强度的动机水平,不能听之任之一点动力都没有,也不能急于求成一口吃个胖子,当动机过弱时可以使之适当增强,当动机过强时可以使之适当减弱,这样才能获得更高的行为效率,才能更好地使任务得以完成。这一原理在实际生活中早就为人们所熟知,即所谓的"心急吃不了热豆腐"、"过犹不及"、"凡事保持一颗平常心"等,这些话说起来容易,而真正做起来却不是那么容易。

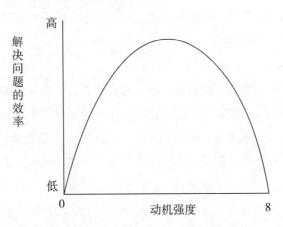

图 11 - 3 动机强度与行为效率关系图

个性的认识导向:兴趣

兴趣是指人积极探究某种事物或从事某种活动的心理倾向,表现为行动前的选择性态度和行动中积极的情绪反应。个体对自己感兴趣的事情会表现出优先选择的态度,这在生命早期就已经表现出来,而且在整个行动过程中始终伴随着积极的情绪反应,即使活动持续很长时间也是乐此不疲,充分体现出兴趣作为个性倾向性的动力来源之一对个体行为的推动作用。兴趣的产生是以一定的需要为基础的,个体之所以对某些事物产生兴趣并从事某种活动,其目的就是通过对事物的了解和认识,满足某种需要。在这一过程中,人的认识活动发挥了重要的作用。认识活动使主体注意到了那些新鲜有趣的、可以引发自己兴趣的事物及其属性,这是兴趣产生的外在客观因素;同时,在认识活动的作用下,个体知道了自己的需求是什么,以及如何去寻求需求的满足,这是兴趣产生的内在主观因素。由于兴趣是在认识基础上产生的一种心理倾向,因此通过观察一个人的兴趣就可以大致判断一个人的个性倾向性如何。当兴趣获得进一步发展,和一定的活动紧密联系在一起,成为某种具体活动的倾向时,兴趣就发展为爱好;当爱好已经成为一个人的生活习惯时,兴趣就发展为嗜好。例如一个人只是喜欢看篮球比赛或是浏览有关篮球的新闻,这说明他对篮球比较感兴趣;如果除了做以上这些事情外,他还经常以打篮球作为自己的休闲运动,这说明他比较爱好篮球;当他每天不打上一场篮球,就会感觉浑身不舒服,生活中像缺少了点什么时,篮球已经成为他的嗜好。

兴趣在人的生命中具有重要的作用。因为兴趣是一种积极的探究活动,它可以使人认识事物,了解事物发展变化的规律,这不但丰富了个体的知识,而且促使个体的智力得以开发和发展。很多时候,个体的早期兴趣就是对未来活动的准备,因此,我们要善于发现和保护个体生命早期的兴趣,而不是忽视它的存在,更不要轻易地去扼杀。有了兴趣之后,做事情就不会感觉那么累,就会使自己所从事的活动能够长时间地坚持下去,直至成功。因此,无论学习还是工作,要想做好,并且长时间地做好,培养和建立相应的兴趣就至关重要。另外,兴趣可以帮助人们随时把握周边新的情况和变化,让人始终感觉到世界的新鲜,生命的美好,进而对生活充满热情,达到人与环境的协调统一。

生活中,每个人都有自己的兴趣,并且在兴趣表现上具有品质的差异。有些人的兴趣主要指向物质,以对物质的追求来达到自我满足;有些人的兴趣主要指向精神,以对精神的追求来达到自我满足。我们不能说哪种兴趣是对还是错,它只是反映了一个人的个性倾向性而已。物质兴趣也好,精神兴趣也罢,关键在于把握好一个度,任何一种兴趣上的过分贪恋与痴迷,都会过犹不及,都会给生活以及生命带来不利影响。有些人的兴趣广泛,有些人的兴趣狭窄,兴趣广泛的人对什么都感兴趣,因此其生活总是丰富多彩,兴趣狭窄的人对什么都不感兴趣,因此其生活总是单调沉闷;有些人的兴趣稳定,有些人的兴趣多变,兴趣稳定的人能够坚持做一件事情到最后,以致做到极致,兴趣多变的人难以坚持做一件事情到最后,多半中途而废;有些人的兴趣具有实际效能,有些人的兴趣只是心向往之,具有实际效能的兴趣会把兴趣转化为真正的行动,心向往之的兴趣只是停留在口头上或是想法中,而没有实际行动。

人生的永恒灯塔：理想

理想是指一个人对未来有可能实现的奋斗目标的向往和追求。理想也许是我们一生中最熟悉的一个词,从小到大不断地有人告诫你理想的重要,从最初对理想的懵懂到后来对理想的彻悟,伴随生命的成长,理想从一颗种子慢慢地发芽生根直至长成一棵参天大树,其间经历了多少风雨,经历了多少次的讨价还价,才得以开花结果,也许每一个人都会对此有不同的体悟。作为个性倾向性的动力来源之一,理想就其实质来说是在科学世界观指导下,与事物发展规律相符合,经过个人努力就有可能实现的幻想。理想在个体的生命发展中具有非常重要的作用,因为有了理想之后,个体就有了明确的奋斗目标,就获得了源源不断的行为动力,在它的作用下个体会去努力求知,迎接挑战,战胜困难,积极创造,直至实现理想的目标,达到人生理想的境界。无论是在生命的哪一个阶段,人如果没有了理想的指引,就会丧失生活的目标,缺少了生活的动力与激情,随之而来的就是感觉生活的空虚与无聊,生命的茫然与无意义。正因为理想是一种积极的幻想,所以在很小的时候,家长与老师就告诉我们每个人都应该树立远大的理想,并为之付出毕生的努力,这样才能使自己的人生过得有价值和有意义。理想的建立应该把远大目标与近期目标结合,这样才能使理想始终发挥指引与动力作用。只有远大目标,而没有近期目标,努力了很长时间也见不到一点成效,难免会使人灰心丧气,丧失继续前进的动力;只有近期目标,而没有远大目标,虽然可以不断取得成功,但始终不知道成功的意义所在,不知道到底为了什么而做,缺少终极目标的指引,难免会使人陷入迷茫,进而怀疑所取得的成功是否真的有价值。理想一旦建立,就要持之以恒坚持下去,无论出现什么情况都不要轻言放弃,唯有如此才有可能实现理想的目标,否则将一事无成,人需要的是"立长志"而不是"长立志"。人一生当中比较重要的理想主要包括生活理想、职业理想、道德理想、政治理想。

生命的价值核心：信念

信念是指人坚信某种观念的正确性,并支配自己行动的一种个性倾向性。信念是需要的高级表现形式,是个性倾向性的核心所在,表现为个体对自然和社会发展规律及理论真实性的确信无疑,表现为对人生当中最有价值事物的坚信不疑,并在此基础上产生深刻而热烈的情感,从而在生活中努力去维护和执行它,并愿意为实现它而积极奋斗。从观念的角度来分析,信念也可以理解为人生观、世界观和价值观。对于人生的理解和世界的看法,是从宏观的层面来反映每个人的个性倾向性,是一种带有理论指导意义的信念体系,具体到生活实际,每个人的信念更多地体现为某种价值体系。生活中,每个人都有自己的价值观,并且坚信其是最正确的,并以此作为自己的人生哲学。德国心理学家斯普兰格从文化社会学角度提出过一个比较有代表性的价值观体系,用来区分社会生活中不同人所持价值观的不同。这一价值观体系包括以下六种价值观:经济型价值观,即注重实效,生活目的是为了追求利润和获得财富;理智型价值观,即具有探究世界的兴趣,以追求真理为生活目的;审美型价值观,即追求美感,以感受事物的美为人生的价值;权力型价值观,即把权力看作是人生的中心,以追求权力和地位为人生目标;社会型价值观,即关心他人与社会的福利,以服务奉献社会为人生追求的最高目标;宗教型价值观,即信奉宗教,以坚持信仰为人生的最高价值。对于这些价值观,不能说哪种正确,哪种不正确,关键在于个体有了某种信念之后,是否能坚定并一生坚守。信念坚定的人,其个性明确而且稳定,能在实际生活中自觉地维护和捍卫自己的信念,甚至牺牲自己的生命也在所不惜;信念缺乏的人,其个性多变而且不稳定,由于没有一个坚定的信念,所以在实际生活中表现为见风使舵、朝秦暮楚,很容易随波逐流。对于个体来说,如果想成为一个个性稳定完整的人,不但要有坚定的信念,更要有正确的信念。

第十二章

能　力

什么是能力

人们认识世界和改造世界所进行的各种活动能否进行,以及活动效率如何,都与一种重要的个性心理特征有关,这种个性心理特征就是能力。

能力的定义。能力是指成功完成某种活动所必需的并直接影响活动效率的个性心理特征。这一定义包含两种含义,一种是指实际能力,即一个人所拥有并实际表现出来的能力,它是在遗传基础上后天学习的结果。比如,在感知活动中,一个人总能在别人发现不了问题的地方发现问题,找到事物的关键特征,这说明他具有良好的观察能力;在记忆活动中,有人过目成诵,说明他具有敏捷的记忆能力;在数学活动中,有人运算敏捷、思路灵活,说明他具有较强的运算能力,如此等等。只要一个人能够成功地完成某种活动,就说明他已经具备了相应的实际能力。另一种是指潜在能力,即一个人可能拥有并在将来可能得到发展并表现出来的能力。比如人们常说的某人在音乐方面很有天赋,就是说他在音乐方面具备一定的素质,拥有发展的潜能,如果日后这种潜在能力真的转化为实际能力,使他在音乐上表现突出、成绩斐然,他就有可能成为音乐家;但是也有可能这种潜能得不到发挥,潜在能力无法转化成实际能力,那么他在音乐上也就没有什么突出表现,和其他人没有什么区别。一般来说,潜在能力是实际能力的基础和前提,实际能力是潜在能力的发展与表现。如果一个人具备一定的潜在能力,后天又有良好的环境,加上个人的努力,那么这种潜在能力肯定能转化成实际能力。相反,如果具备一定的潜在能力,但是后天环境不良,尤其是缺少个人的努力,那么这种潜在能力就很难转化成实际能力,最后沦为平庸之人,"伤仲永"就是一个很好的例子。因此,日常生活中人们所说的能力同时包含了实际能力与潜在能力,只不过针对不同的人,在不同的时间所指能力会有所不同。

能力作为一种内在的个性心理特征,其形成与表现都是通过一定的活动来实现的,因此能力和活动总是紧密地联系在一起。一种能力的形成,除了一定的天赋因素之外,更主要还是通过后天的活动来实现。任何一种能力的形成都不是一蹴而就的,都是在活动中不断练习摸索,熟练提高的过程。同样,能力形成后也必须通过相应的活动来得以展现,能力不是停留在口头上,而是体现在行动中,正如俗语所说"光说不练不是真把式",那就要看是否真的能顺利地高效率地完成某种活动,如果能做到就证明具备相应的能力,做不到就证明不具备相应的能力。因此,对于能力的理解必须借助于活动来实现。另一方面,能力只是活动得以进行的心理条件之一,它是保证活动顺利有效进行的可能性心理特征。在一项活动中会有多种心理条件存在,例如情绪状态、意志品质、需要、动机、兴趣、思想、观念等,这些心理条件都会对活动产生一定的影响,但它们不能直接决定活动能否进行以及直接影响活动的效率,能做到这一点的只有能力。因此,在实际生活中,对于人的使用,工作的安排,主要还是要考察人的能力因素,即是否具备相应的能力,具备怎样的能力。

一种活动的完成往往不是依靠单一能力实现的,更多的时候是多种能力结合在一起共同实现的。例如教师的教学活动就需要多种能力的参与,包括良好的观察力、优秀的记忆力、严密的思维能力、良好的语言能力、较强的组织管理能力、一定的创造能力等。不仅教学活动如此,实际上,各行各业的实践活动都是多种能力的结合体。当某种专业活动所需要的多种能力在质的方面实现独特的结合,浑然一体,具有一定的特色,我们就把这种能力称作才能;当才能进一步发展,达到最完备的结合,并能创造性地完成某个或多个领域中的任务,创造出卓越的业绩,我们就把这种能力称作天才。此天才并非是天生之才,而是后天努力的结果。

知识、技能与能力。日常生活中,很多人会把知识、技能与能力混淆,即把三者等同,他们认为一个人知识的多少、技能的高低,就代表了一个人能力的大小。

实际上,这是一种错误的认识,知识、技能与能力之间确实具有一定的关系,但绝不是简单的等同关系,三者之间既有区别,又有联系。

区别表现在:首先,从概念上分析,三者具有不同的内涵。知识是人脑对客观事物的主观表征,既包括客观事物及其特征与属性,也包括人类社会历史经验的总结和概括;技能是通过某种活动练习而建立起来的一种动作方式,以外部肢体操作表现出来的是动作技能,以内部认知操作表现出来的是智力技能;能力是使活动得以顺利进行并直接影响活动效率的个性心理特征。某种知识的获得与技能的建立,可以成为一定能力构成的有机成分。其次,从形成上分析,三者具有不同的机制。能力的形成是在一定遗传素质基础之上,加上后天实践的结果,而知识、技能不能遗传,只能通过后天的实践来获得。再次,从发展上分析,三者具有不同的进程。知识、技能的掌握一般来说速度比较快,只要通过相应的学习和练习就能快速实现,并且一生中可以持续地增加和提高;而能力的发展速度相对比较慢,它需要一个逐步积累,缓慢提高的过程,而且,能力并不永远随着知识、技能的增加而成正比例地发展,能力的发展受人的机体和神经系统的发育、成长、衰退的影响,有一个发展、停滞和衰退的过程,到了一定年龄,能力就不再发展了。

联系表现在:知识、技能的掌握是能力形成与发展的基础;能力是在掌握知识、技能和运用知识、技能的过程中发展起来的,离开了知识、技能的学习,就无从发展能力。同时能力的形成和发展又是掌握知识、技能的必要前提,不具备必要的能力,知识、技能就难以掌握。不具备一定的感知能力,就无法获得感性知识;不具备一定的抽象思维能力,就无法获得理性知识。同时,能力的大小不同,掌握知识的速度、深度和广度都会有所不同。

明确知识、技能与能力的区别与联系,对教育实践具有重要的意义。首先,我们应该知道知识、技能不等同于能力。我们不能以知识的多少、技能的高低来代替能力的大小,一个人的能力可能已经获得充分体现,也可能还没有获得充分发展。其次,知识、技能的掌握不能代替能力的发展。教育当中我们不能简单地认为只要学生掌握了知识、技能,能力就可以自动地获得发展,因此,让学生掌握知识、技能的同时,还要考虑发展学生能力的措施和条件,这样才能培养出真正合格的人才,避免出现"高分低能"的学生。

能力形式:能力的分类

能力具有多种表现形式,按照不同的角度可以划分为不同的能力类型。

按照能力的性质,可以分为一般能力和特殊能力。一般能力是指参与个体所有活动的基本能力,即人们通常所说的智力,具体包括感知能力、观察能力、记忆力、想象力、思维能力,其中抽象思维能力是核心,创造力是其高级表现形式。特殊能力是指在某些专业领域中从事专业活动所需要和表现出来的能力,例如从事音乐活动所需要的听觉表象能力、曲调旋律的感受能力、节奏的把握与再现能力等,从事美术活动所需要的色彩感受能力、对物体结构与特征的观察能力、空间想象能力、对美的评价能力等,都是一种专业活动所需要的特殊能力。由于一般能力参与个体的所有活动,因此它是个体的基本心理条件,如果一般能力缺失或是发展不足的话,将会影响个体的整个心理生活,使个体的心理不能获得正常发展。特殊能力与专业相关,它的缺失不会影响个体心理的正常发展,只会影响到某种专业能否学习和发展。一般来说,只有一般能力正常的情况下,才有可能发展起某种特殊能力,但实际生活中却存在着很多特殊的情况,即有些人的一般能力极其低下,但却拥有超乎常人的某种特殊能力,心理学上把这种人称为"白痴学者"。这种情况表现比较多的领域包括音乐、心算、日期推算、绘画、下棋、色彩等,至于为什么会出现这种情况,目前为止包括心理学在内都无法做出科学合理的解释。对于一个正常的人来说,一般能力与特殊能力不是截然分开的,二者作为一个整体参与个体的各种活动,并在活动中相互作用和促进,共同获得发展和提高。

按照能力的创造性程度,可以分为模仿能力和创造能力。模仿能力是指通过观察别人的行为和活动,然后以相同方式做出反应的能力。模仿是一种最初的学习能力,是人与动物共有的一种能力。动物幼仔对于成年动物行为的掌握主要依靠模仿,而且这种模仿带有明显的生物痕迹,因此发展速度慢,显得过于机械。人的模仿与动物不同,其模仿行为没有明显的生物痕迹,发展速度快,具有灵活性,而且模仿内容多样,具有明显的社会性。例如幼儿在家庭里面不但模仿父母的言语、动作、表情,而且还会模仿电视当中人物的言语、动作、表情等,这些模仿行为不单纯是一种行为的简单复制,很多时候反映了幼儿内心的某种诉求与愿望,带有很强的目的性。创造能力是指在活动中能够利用已有知识,发挥聪明才智,创造出具有价值的新产品的能力。创造能力是智力的高级表现形式,它需要个体积极参与创造性的活动,并在活动中展开创造性想象,进行创造性思维,这样才有可能创造出新的有价值的产品。一般来说,模仿是创造的基础,只有先通过模仿熟练掌握之后,才能在此基础之上按照个人的方式进行创造发挥。针对两种能力的形成与发展,我们可以得到的启示是,在个体处于模仿时期时,成人应该注意自己的言行与表率作用,尽量给儿童以积极正面的影响;当个体长大之后,我们应该教育引导个体不能仅仅停留在模仿水平上,而要以积极的创造作为人生的目标。

按照能力的功能,可以分为认识能力、操作能力和社交能力。认识能力是人脑加工、存储和提取信息的能力,是人认识客观世界,获得知识和经验的最基本的心理能力。操作能力是指人们通过外部动作的操作以完成各种活动的能力。人们通过操作能力与外界发生联系,是人在适应和改造环境过程中,手、脑结合,协调自己动作并掌握和施展技能所必备的心理条件,如劳动能力、体育运动能力、艺术表演能力、实验操作能力等。社交能力是指人在社会群体生活中,实现与他人交往并建立起和谐人际关系的能力,具体包括言语沟通能力、相互理解与信任能力、情感建立能力、协调关系能力、化解矛盾与纠纷能力等。这种能力对协调人际关系、促进人际交往和信息沟通有重要作用,是实现个体与社会群体适应,并被其他群体成员接纳,获得良好社会生存和发展的重要保证。面对快速发展的社会,日益复杂的社会和人际关系,对于每个人来说,培养和建立起良好的社交能力都显得尤为重要。

能力构成:能力的理论

能力作为一种个性心理特征,其内部结构如何,由哪些心理成分构成,一直以来都是心理学家比较关注的问题,在对其构成的研究上形成了几种比较有代表性的理论。

因素说。这种理论认为能力是由因素构成的,因素是构成能力的基本成分,研究者试图通过研究找到能力的构成因素是什么,有多少个。在此理论指导下,不同的研究者也有不同的观点。英国心理学家斯皮尔曼认为,能力由两种因素构成,一种是一般因素,简称 G(general 缩写)因素,一种是特殊因素,简称 S(specific 缩写)因素,一般因素参与所有的活动,特殊因素因活动的不同而不同,两种因素的有机结合构成完整的能力。这样,个体所从事的任何活动都是两种能力因素共同参与完成的,在这些活动中一般因素是相同的,只不过参与量的多少不同,而活动不同所需要的特殊因素也就不同。比如,完成一项语文作业,就需要一定的一般因素加上一个与语文有关的特殊因素 S1;完成一项数学作业,就需要一定的一般因素加上一个与数学有关的特殊因素 S2,以此类推,完成的作业不同,所需要的一般因素都是相同的,而特殊因素是不同的。可见,在能力的构成中,一般因素是最重要的,也是最基本的,一个人的能力水平主要是由一般因素来决定。按照此观点,由于一般因素的存在,所以一个人在完成不同作业的成绩上具有一定的正相关,而又不完全相同,就是因为特殊因素不同所致。但是,对于特殊因素来说,其数量可能会多到无数个,这有可能与能力的构成实质不符,因此值得商榷和进一步研究。美国心理学家瑟斯顿认为能力是由一群因素构成的,这些因素是彼此不同的一些心理能力。他采用因素分析的方法提取出构成能力的 7 种因素,它们是数学计算、词的流畅性、言语的意义、记忆、推理、空间知觉、知觉速度。对以上 7 种因素的测验表明,各因素之间并不是完全无关的,而是存在着不同程度的正相关,这说明在不同的因素之间包含了某种一般因素,即便是特殊因素之间也不是完全割裂的。

结构说。这种理论认为能力是一种结构化的心理构成体,研究的目的就是揭示能力的各构成成分之间是如何架构的。英国心理学家阜南认为能力是一个层次化的结构。他认为能力从高到低分为 4 个层次,最高层次为斯皮尔曼所说的 G 因素;第二个层次包括两个大因素群,即言语与教育方面的因素、操作与机械方面的因素;第三个层次是一些小因素群,其数量更多,都是由第二个层次的两个大因素群分解而来;最低层次为数量更多的特殊因素,相当于斯皮尔曼所说的 S 因素。这一观点实质上是斯皮尔曼观点的一种变式,只不过在 G 因素与 S 因素之间加了两个层次的因素群而已,但是相比于斯皮尔曼的观点,其对能力的分析和解读更加清晰和明确。美国心理学家吉尔福特认为能力是一种立体化的结构,相当于一个立方体。他认为能力是由操作、内容和产品 3 个维度构成的,这 3 个维度分别对应于立方体的长、宽、高。能力的操作维度包括认知、记忆、发散思维、聚合思维和评价 5 种因素;能力的内容维度包括图形、符号、语义和行为 4 种因素;能力的产品维度包括单元、分类、关系、系统、转换和蕴含 6 种因素,这样从每一个维度中各拿出 1 个因素组合在一起,就构成了一种能力,总共可以得到“$5 \times 4 \times 6 = 120$”种组合,也就是说人的能力是由 120 种能力构成,每一种能力相当于一个小立方体,它们共同构成能力的大立方体。吉尔福特认为,完成一项任务,就需要使用一种能力,这种能力必须由能力的三个维度共同参与,只不过随着任务的不同,所参与的维度因素不同而已。例如对图形进行认知操作,构成一个单元,就是一种能力,它帮助人们认识了环境中各种事物的形状;对语义进行认知操作,形成一种关系,又是一种能力,它帮助人们知道了句子的构成成分有哪些。吉尔福特的观点是对能力结构认识的深入,为人们深入研究能力的构成,以及测量能力提供了可操作性的依据。

　　形态说。这种理论的主要代表是美国的心理学家卡特尔,他把人的能力分为流体能力与晶体能力两种不同的形态。流体能力是在信息加工和问题解决过程中所表现出来的能力,如对关系的认知、类比、逻辑推理、记忆广度、解决抽象问题和信息加工速度等能力。晶体能力是以习得的知识经验为基础,获得语言、数学等各方面知识的能力。流体能力主要受生物遗传因素影响,较少依赖文化和知识内容。晶体能力的形成与发展决定于后天的教育与学习,与社会文化关系密切。流体能力随生理成长曲线的变化而变化,个体发展早期其发展速度快速,25 岁左右达到顶峰,成年期保持相对稳定,然后随着年龄增长逐渐下降。晶体能力一生中始终都向上发展,不会因年龄的增长而降低,只不过 25 岁以后其发展速度放缓。一般来说晶体能力依赖于流体能力,如果两个人的经历相同,其中流体能力较强的一个将发展出较强的晶体能力。然而,一个有较高流体能力的人如果生活在贫乏的智力环境中,那么其晶体能力的发展将是低下的或平平的。例如在广大的农村有很多所谓的“能人文盲”,即这种人在各种活动中都显示出过人的能力,但却是一个大字不识的文盲,原因就是他们有良好的流体能力,而没有机会接受教育,从而没有建立起相应的晶体能力。

　　多元论。这种理论认为能力不是由多种因素构成的单一能力构成体,能力是多元的,即一个人身上可能存在多种能力,其表现与发展都会有所不同。美国心理学家加德纳认为人的能力有 7 种,它们包括言语能力、数学能力、空间能力、音乐能力、运动能力、人际能力、内省能力。这些能力都是一个单独的功能系统,其发展如何就决定了个体的能力倾向,不同的人,其能力发展倾向与表现各不相同。这一理论观点对我们具有较好的启示,那就是每个人的能力倾向是不同的,其所擅长的活动也是不同的,因此在实践活动中,对于个体自身来说要知晓自己的能力优势在哪,进而去努力发挥它;对于教育者来说要了解不同学生的能力倾向差异,进而采取适合每个学生发展的因材施教措施,这样才能使每个人都能按照自己所擅长的能力倾向来获得良好的发展。然而在现实中,我们的家长、老师、学校、社会根本无视个体能力倾向的差异,甚至人为地压制和改变个体的能力倾向,采取一刀切的办法,使之按照他们的意愿来学习和发展,进而导致很多个体不能获得良好发展,甚至是畸形发展,这是一个值得全社会深思的问题。另外一个美国心理学家斯滕伯格认为智力是三元的,分别是:情境性智力,指在日常生活中,运用学得的知识经验来处理日常事务的能力;经验性智力,指个体运用已有经验处理新问题时,统合不同观念而形成的顿悟或创造性能力以及自动地应付熟悉事情的能力;成分性智力,指智力的内部构成,包括智力的元成分、执行成分和知识获得成分。后来斯滕伯格把这一理论应用到实践当中,提出了成功智力概念,他认为一个人的成功智力也是三元的,包括分析性智力、创造性智力和实践性智力。他之所以提出成功智力概念,是用来和学生在学校学习时的学业智力加以区分。他认为学业智力是一种惰性智力,只对学习有帮助作用,而不能用来解决实际问题,因此一个人学业上的成功并不能代表其将来在职业活动中也能成功。相反,那些在学业上并不是最成功的学生,往往是未来职业活动中最成功的人士,因为他们身上有更为重要的成功智力。这一观点后来引发了有关"第 10 名现象"的研究,即在社会职业中最成功的往往都是在学校学习时处于第 10 名左右的学生,而不是总处在前几名的学生,国内外的研究结论基本一致。斯滕伯格指出,成功智力的三元智力应用的关键是:用创造性智力找对问题,用分析性智力发现好的解决办法,用实践性智力来解决实际工作中的问题。

能力鉴定:能力的测量

日常生活中人们可以观察到不同的人具有不同的能力表现,但究竟如何去鉴定出一个人的能力水平,并用客观的指标来表示出个体之间的能力差异,就是能力的测量问题。能力的测量包括一般能力测量、特殊能力测量和创造能力测量,由于特殊能力测量和创造能力测量涉及特殊专业的需要和人的创造潜力开发,一般不适用于一般人群,在实际中应用较少,因此这里不对其进行阐述,主要阐述一般能力测量。

一般能力测量也叫智力测验,它所测量的是人基本的能力构成内容,其测量结果反映出一个人的基本智力发展水平。国际上开发出来的智力测验有很多种,但比较通用的有斯坦福—比内智力测验和韦克斯勒智力测验两种。

斯坦福—比内智力测验。世界上第一个智力测验是 1905 年由法国心理学家比内和医生西蒙共同编制完成,因此这个智力测验量表被称作比内—西蒙智力量表。该量表包括 30 个测试项目,每个项目代表 2 个月的智力,每个项目的难度逐渐上升,这样就可以根据儿童通过项目的多少来判定他们智力的高低。该量表首次采用智力年龄作为衡量儿童智力发展水平的指标。他们对不同年龄的孩子都进行了测量,并计算出不同年龄的正常儿童的平均分数,然后拿每个孩子的成绩与同龄孩子的平均成绩相比较,测验的结果以达到某一特定分数的正常儿童的平均年龄来表示,这被称为智力年龄(又称心理年龄,mental age),简称智龄(MA)。

1916 年美国斯坦福大学教授推孟将比内—西蒙智力量表介绍到美国,根据美国文化进行了修订,并把修订后的量表改称为斯坦福—比内智力量表。该量表共包含 90 个项目,测验的项目按年龄编制并分组,每个年龄组都包含 5～6 个项目,随着年龄的增加,项目的难度也增加。同时,该量表还使用智商(Intelligence Quotient,简称 IQ)这个概念来作为智力的测量指标,更加有利于不同年龄儿童智力的比较。因为,智龄只能表示智力的绝对高低,它说明了一个儿童的智力实际达到了哪个年龄水平。但智龄不能用来比较不同生理年龄的儿童的智力高低。例如,两个儿童的生理年龄一个 5 岁,一个 10 岁,而他们的智龄都比自己的生理年龄大 1 岁,这时我们不能通过智龄来比较他们两个人的智力的高低。而采用智商就能够比较这两个儿童的智力水平了。斯坦福—比内智力测验中的智商是智力年龄与实足年龄(chronological age,CA)之比,也称比率智商,计算公式为:智商(IQ) = 心理年龄(MA)/实际年龄(CA)× 100。实足年龄指的是儿童出生后的实际年龄,智力年龄是根据智力测验测出的年龄。智商表示人的聪明程度,智商越高越聪明。该量表后来又经过多次修订,成为世界上最有名的智力量表。我国学者也曾对该量表进行过多次修订,使之适合于中国人的使用。

韦克斯勒智力测验。韦克斯勒认为比内量表存在许多不足:仅仅针对儿童设计,不适合成人;只有一个智商分数,限制了测验的功能;言语项目的权重太大。因此,为了更真实地反映个体的智力状况,韦克斯勒先后编制了韦氏成人智力量表,用于评定 16 岁以上成人的智力;韦氏儿童智力量表,用于评定 6 ~ 16 岁儿童的智力;韦氏学前儿童智力量表,用于评定 4 ~ 6 岁半儿童的智力。韦氏量表包含言语和操作两个分量表,可以分别测量个体的言语能力和操作能力。其中,言语分量表的项目有:词汇、常识、理解、回忆、发现相似性和数学推理等;操作分量表的项目有:完成图片、排列图片、事物组合、拼凑、译码等。这样不仅能够得到个体总的智商,而且能够得到个体在言语分量表和操作分量表上的智商,从而知道个体的智力构成情况及优势所在。韦克斯勒还改革了智商的计算办法,用离差智商来代替斯坦福—比内智力量表中的比率智商。因为,比率智商的基础假设是心理年龄与实足年龄并行增长,然而这个假设与实际情况并不十分相符,因为智力并非总是随着年龄的增长而上升,当智力发展到一定阶段后,便在很长一个阶段内处于某一稳定的水平。这样就会出现,智商在个体进入成年后,因为智力水平的稳定和实足年龄的增长,智商反而下降的情况,这造成了比内智力测验的局限性。而离差智商是以智力的正态分布曲线为基础,将人们的智商看作平均数为 100、标准差为 15 的正态分布,它表明被试的分数相对地处于同年龄标准化样组的均数之上或之下有多远,即以离差大小表明智力高低,离差大,且为正数者智商高,离差小,且为负数者智商低。这样就可以用一个人的测验分数与其同龄组的其他人的测验分数相比较来表示,其计算公式是 $IQ = 100 + 15Z(Z = (X - M)/S)$,式中,Z 是标准分数,X 是个体的测量分数,M 是团体平均分数,S 是团体标准差。离差智商克服了比率智商的不足,即不会再产生由于一个人的智力年龄和实际年龄的不同步增长,而出现年龄越大智商越低的现象。

对于智力测验我们应该有一个正确的认识,即不能完全迷信智力测验,更不能滥用智力测验。智力测验本身就存在文化公平性的问题,其只是一种相对测量,而不是绝对测量,无论其测验分数是多少,都不可能把人的智力所有方面都测查出来,其分数只是反映了个体当前的智力发展水平,对于个体的教育和引导只起参考作用,绝不能用来作为解释个体将来成功与否的依据。

能力表现:能力的差异

个体自出生之后,能力是不断向前发展的,能力发展主要表现为智力的发展,在能力发展过程中表现出一定的发展趋势。生命早期是智力的快速发展时期,十二三岁以前智力发展与年龄增长几乎是等速的,稍后有所放缓;各种智力一般在 18～25 岁之间达到顶峰,智力的各个成分达到顶峰的时间是不同的,最晚的是抽象思维能力;成年期是能力发展最为稳定的时期;老年期是各种能力开始出现衰退的时期。能力发展除了具有一般趋势,还表现出一定的发展差异,这些差异主要表现在以下几个方面。

能力发展水平的差异。人的能力有高低之分,这种高低反映了个体在能力发展水平上的差异。大规模的智力测验表明,就全部人口来说,人的智力分布呈现出一种正态的曲线,即中间大,两头小,也就是说绝大部分人的智力都处于正常水平,智力极高的和极低的只占非常小的比例。这种智力分布是符合人种进化发展规律的,如果智力分布是中间小,两头大,即正常发展的人少,而绝顶聪明和绝对弱智的各占有将近一半的比例,这说明人种的进化出现了问题。从智力测验所建立起的常模来看,人的智力分布区间范围是:智商分数 90～109 为正常,100 为平均数;智商分数在 130 以上为超常;智商分数低于 70 为弱智;智商分数在 109～130 之间为高于中常;智商分数在 70～90 之间为低于中常。现实生活中,绝大多数人的智力发展都处于正常水平,智力超常和弱智的只占全部人口的1%。智力超常儿童不仅仅是智力的某一方面表现突出,而是整个智力发展都明显优于正常儿童,同时他们拥有更多的优良个性品质。由于超常儿童的智力明显优于正常儿童,因此让他们与正常儿童接受同样的教育显然是不符合其智力发展水平的。国际上对超常儿童的教育一般采取以下几种方式:一是加速教育进程,即允许超常儿童跳级;二是充实课程内容,即增加超常儿童的学习内容数量与难度;三是开设特别班,即把超常儿童集中到一起接受特殊的教育。我国采取的是第三种办法,是在中国科技大学开办了少年班,招收智力超常的少年大学生。智力低常儿童不仅仅是智力的某一方面表现低下,而是整个智力发展都明显低于正常儿童,同时他们拥有更多的不良个性品质。为了帮助智力低常儿童,针对其智力发展状况给予合适的教育与训练,把智力低常儿童分为这样几个等级:第一等级是智商在50~70之间的,这些儿童智力落后的不是太多,能够生活自理,可以在小学低年级进行学习,对他们的教育和训练目标就是让其可以从事某种简单的劳动,达到自食其力;第二等级是智商在25~50之间的,这些儿童智力落后较多,生活只能做到半自理,接受小学低年级的学习都有困难,对他们的教育和训练目标就是让其掌握一些生活技能,达到生活自理;第三等级是智商在25以下的,这些儿童智力落后严重,几乎没有意识活动,因此对他们来说就是为其提供好的监护条件,使其幸福地活着就是最好的帮助。

能力发展类型的差异。个体的能力类型差异表现多样,可以从多个方面反映出来。首先,能力类型差异表现在人的两种信号系统活动的相互关系上。人具有第一信号和第二信号两种信号系统,这两种信号系统在不同人的身上具有不同的结合方式,根据两种信号系统的相互关系,可以把人的能力分为艺术型、思维型和中间型。艺术型的人其心理活动中第一信号系统占优势,他们更容易记住图形、色彩、声音、动作等形象直观的材料,言语生动、形象,情绪表现力强。他们更适合从事音乐、美术、舞蹈、表演等艺术性工作。思维型的人其心理活动中第二信号系统占优势,他们更善于分析综合、抽象概括、推理论证等抽象性活动,言语严谨、逻辑性强,情绪稳定、不外露。他们更适合从事科学、哲学、语言、史学等思维性工作。中间型的人是两种信号系统活动比较均衡,体现不出哪种信号系统占优势,因此艺术型与思维型的人所具有的特点在他们身上都有所表现,只是表现比较均衡,没有哪种特点表现过于突出,生活中绝大多数人都属于此类型。其次,能力类型差异表现在人的一般认识能力上。相同的认识活动在不同人身上表现出来的时候具有明显的差异,每个人都有自己的优势所在。在知觉活动中,有人善于把握事物的细节,而不善于整体概括,即所谓"见树不见林",属于分析型的人;有人善于把握事物的整体,而不善于细节分析,即所谓"见林不见树",属于综合型的人;绝大多数人都属于分析综合型,即同时具有分析型和综合型的特点。在记忆活动中,有人属于视觉表象占优势的视觉型记忆;有人属于听觉表象占优势的听觉型记忆;有人属于运动表象占优势的运动型记忆;有人属于情绪表象占优势的情绪型记忆。在思维活动中,有人善于借助动作进行思考,属于动作思维型;有人善于借助具体形象进行思考,属于形象思维型;有人善于借助抽象符号进行思考,属于抽象思维型。最后,能力类型差异表现在人的特殊能力上。生活中,每个人身上都或多或少有一点特殊能力,这些特殊能力也许是上天的恩赐,也许是个人兴趣的使然,尽管表现不是多么突出,但却足以说明能力类型差异具有特殊性。

能力表现早晚的差异。从总体上看,人的能力发展具有一定的规律性和趋势性,这种规律与趋势规定了人的能力发展进程,具有一般性和普遍性。但在实际表现中,总是存在着能力发展的特例,即能力发展具有表现早晚的差异。有些人的能力在年龄很小时就充分显露出来,表现为"人才早熟";有些人的能力直到年龄很大时才慢慢显露出来,表现为"大器晚成"。我国古代就有"甘罗早,子牙迟"的说法,甘罗12岁官拜上卿,属于"人才早熟",姜子牙80多岁才领兵打仗,属于"大器晚成"。古今中外,"早熟"与"晚成"的例子不胜枚举,"早熟"的人几乎都是天资禀赋极高,同时后天又有良好的环境和教育引导,使其能力在很早就充分显露出来;"晚成"的人并不是其智力发展迟缓,有些人也是天资聪颖,但由于年少轻狂,放浪形骸,年轻时不能努力学习,显得不学无术,但是年龄大了以后,心性回转,开始一心向学,从而取得优异成绩,显示出较强的能力水平;很多人确实是智力平平,其成功就在于坚持不懈,直到晚年才使自己的能力开花结果;也有一些人是由于早年没有机会接受教育,直到岁数大了才开始学习,因此能力表现也就相应推后。"早熟"与"晚成"都属于能力发展的特例,不具有代表性和一般性,真正能够代表人能力发展一般规律性的是"中年成才"。人的能力在中年这个阶段充分显露出来,帮助人取得成功,这是一个普遍的规律。这不但反映在人们的日常观察和总结上,也反映在研究者的统计数据上。例如有研究者于1960年统计了1243位科学家、发明家的1911项重大科技发明创造,发现科学发明创造的最佳年龄为35岁左右;还有研究者统计了1901~1978年间325位诺贝尔奖获得者,发现获奖的最佳年龄为30~35岁。中年阶段最容易使能力得以充分发挥取得成功,主要有以下几方面的原因:从生理学上分析,中年阶段是身体强壮、精力充沛、年富力强的时期,各生理系统机能稳定而旺盛,为能力发挥提供了身体条件;从心理学上分析,中年阶段是各心理系统发育成熟后最为稳定的时期,认识能力强、情绪稳定、意志坚定、人格完善,为能力发挥提供了心理条件;从社会学上分析,中年阶段是人生阅历最为丰富的时期,既具有青年人的思想活跃、好奇探新、不保守的特点,又具有成年人的思想成熟、老练持重、思考缜密的特点,为能力发挥提供了社会条件。

通过对能力发展差异的分析,我们应该明白这样一个道理:人的能力发展水平不同,我们应该接受现实,不能回避,更不能否认;人的能力发展类型不同,我们应该区别对待,不能强求,更不能改变;人的能力表现早晚不同,我们应该正确面对,不能心急,更不能放弃。

能力形成:能力的培养

生活中,每个人都希望自己有较高的能力水平,这样就能使自己在所从事的各项活动中游刃有余,取得较高的活动效率,并最终获得成功。那么,高水平的能力是如何实现的呢?也许有人会说,高水平的能力就在于遗传,有人天生就是聪明,跟后天没有什么关系。有些人遗传素质好、天资聪颖,这是事实,但即便如此,我们也不能完全否定后天因素对能力形成和发展的影响,遗传素质只是提供了基础和可能性,把这种可能性变为现实的是后天因素的作用。可见,高水平的能力是培养出来的,而不是天生得来的,培养人的能力需要注意以下几个方面的问题。

首先,重视早期教育,并合理开展早期教育。心理学的研究已经表明,人的能力在生命早期发展速度最快,尤其是婴幼儿时期,此时期是个体各种生理、心理机能快速发育时期,也是最容易接受外界影响的时期,因此,适时开展早期教育,对于个体能力的发展起到非常关键的作用,甚至会影响到个体一生的能力发展水平。但是,开展早期教育并不是越早越好,一定要在个体相应的生理成熟基础上来进行,拔苗助长式的早期教育不但起不到能力的培养作用,反而会有害于能力的发展。另外,早期教育是为了培养能力,而不是为了增长知识,因此在教育内容的选择和教育方式的安排上应该有助于个体各种能力的形成和发展,而不是单纯知识上的记诵和增长。还有,开展早期教育不应只注重结果,更应该注重过程。现实中,很多家长在对孩子进行早期教育时,只关心最后的结果是什么,而忽视了过程对孩子的意义和作用,因此就出现了很多不适合孩子、不符合孩子兴趣的学习、甚至是违背孩子意愿而进行的强迫学习,其主要原因就是家长的功利目的在作怪。例如,从小学习弹琴的小孩,其水平可以达到很高的级别,具有很高的演奏技艺,但是却不懂得如何理解和评价音乐,更不懂得如何欣赏和享受音乐,原因就在于其弹琴就是为了取得级别后可以获得考试加分,而谈不上对音乐的喜欢和热爱,这岂不是早期教育培养出来的"音乐怪胎"?

其次,注重因材施教,并有效激发主观能动性。个体的能力在发展水平、能力类型、表现早晚上都具有差异,因此在能力培养上要看到这些差异,并根据这些差异,针对不同的个体以及同一个体的不同方面采取不同的培养措施,真正将因材施教落到实处,这样才能使能力培养获得实效,使个体的能力获得真正的发展。现实中,家庭也好,学校也好,不能对个体的能力培养做到因材施教,其原因主要有两方面:一是家长和老师根本不了解个体的能力差异所在,不知道个体的能力倾向如何,所以没有办法开展因材施教;二是家长和老师迫于某些条件而无视个体的能力差异,忽视个体的能力倾向,所以不能积极开展因材施教。他们最常用的办法,也是最简单的办法,就是"一刀切",切出来的人有棱有角,规规矩矩,但却缺少了个性,失去了创造性。在能力培养上,只注重因材施教还是不够的,还应该在此基础上有效激发个体的主观能动性,只有个体的主观能动性被激发和调动起来,个体才能真正接受各种培养措施,并积极努力付诸实际行动。否则,即便是个体按照要求去做了,那也是一种敷衍和应付,并不是出于自己的意愿和热爱,因此这种培养就是时间、金钱以及生命的浪费,根本不能取得实效。激发主观能动性,就是培养个体广泛的兴趣、强烈的求知欲望,建立明确的志向,养成负责任的态度,完善积极的人格品质。总之,能力的形成和发展,培养是手段,关键在个人。

第十三章

气　质

什么是气质

　　日常生活中,人们可以观察到不同个体的心理行为表现,比如有人活泼好动,反应迅速;有人急躁直率,容易冲动;有人安静稳重,反应缓慢;有人内向孤僻,体验深刻,这些不同的心理与行为表现都与一种个性心理特征——气质——有关。

　　气质的定义。气质是指人的心理活动典型的、稳定的动力特征。"气质"一词在生活中被人们广泛使用,但人们所使用的意义与心理学上对气质的界定不是一回事。人们所说的气质是指一个人在穿着打扮、言谈举止上给人一种良好的主观感受。给人的主观感受好,人们就说这个人有气质,反之则没有气质。生活中人们用来指代心理学意义上气质的词汇包括性情、禀性和脾气,其中脾气是最常用的一个词,脾气不同就说明人的气质不同。各种脾气特征都是通过心理活动的动力特征表现出来的,这些动力特征包括心理活动的强度、速度、稳定性、灵活性和指向性。心理活动的强度主要是指一个人情绪表现的强弱和意志活动的努力程度。在情绪表现上,心理强度高的表现强烈,心理强度低的表现微弱,比如同样是表达成功之后的喜悦,情绪表现强烈的人会手舞足蹈、忘乎所以,而情绪表现微弱的人则是面带微笑,一带而过;在意志努力上,心理强度高的人会在困难面前表现出坚持性,心理强度低的人则会在困难面前表现出软弱性。心理活动的速度主要是指一个人心理活动的速率与节奏,具体表现为知觉和思维的速度。心理活动速度快的人,在知觉上表现为知觉迅速,能够快速认识事物及其特征,在思维上表现为反应迅速,能够快速理解问题并产生思路;心理活动速度慢的人,在知觉上表现为知觉缓慢,不能快速认识事物及其特征,在思维上表现为反应迟缓,不能快速理解问题并产生思路。心理活动的稳定性主要是指一个人某种心理状态的持续时间及变化程度,一种心理状态持续时间长,变化不大,就说明心理活动的稳定性好,反之则稳定性差。比如在注意上,心理活动稳定性好的人能够长时间保持一种注意的稳定,稳定性差的人则很容易分心;在情绪状态上,心理活动稳定性好的人能够让自己长时间保持一种积极的心境状态,稳定性差的人则很容易受外界因素的影响,而导致心境变化无常。心理活动的灵活性主要是指一个人能否根据环境的变化而及时地调整自己的心理和行为,具体表现为思维的灵活性和对环境的适应性上。心理灵活性好的人表现为思维灵活,环境适应能力强,灵活性差的人表现为思维固执,环境适应能力弱。心理活动的指向性主要是指一个人的心理活动经常指向内部还是外部。心理活动经常指向外部的人,外部环境的变化是引发其心理及行为表现的原因,其心理活动也以外显的行为表现出来,这种人一般被称为外向的人;心理活动经常指向内部的人,内部的思想、观念、情绪等是引发其心理及行为表现的原因,其各种心理活动也是内隐的,很少表露在外,这种人一般被称为内向的人。气质的这些心理活动动力特征,不是作为个性的内部动力因素存在的,它不决定个体是否活动以及活动的方向,只是作为一种显露在外的动力特征表现在个体的各种心理活动和行为中,影响心理活动与行为的效率及方式。

　　气质的特征。气质的特征主要表现为以下三个方面:首先,气质具有天赋性。个体的气质类型主要是通过遗传继承而来的,因为一个人的气质类型主要由个体的神经系统类型来决定,而神经系统类型主要来自于遗传,通过遗传获得的神经系统类型不同,气质类型就不同。日常生活中,人们常说的"有其父必有其子"主要是指父子之间的脾气禀性相似,原因就是他们具有相同的神经系统类型,因而具有相同的气质类型。正是由于气质主要来自于遗传,因此当个体出生后不久,我们就可以大体判断出个体的气质类型,那些属于神经系统活跃型的个体,表现为四肢活动较多、经常哭闹不止、生活规律性差、不容易适应环境;那些属于神经系统安静型的个体,表现为四肢活动较少、安静平稳、生活规律性好、容易适应环境。个体的这种先天生理机制为气质的形成奠定了生理基础,并会在以后的游戏、作业、工作和交往活动中表现出来。关于遗传与气质特性关系的研究表明,同卵双生子的气质相似性要大于异卵双生子,即使是在不同生活环境下长大的同卵双生子的气质相似性也要大于异卵双生子。其次,气质具有稳定性。相比于其他的个性特征,气质是最稳定的个性心理特征,因为气质主要由人的神经系统类型来决定,而人一生中只能有一种神经系统类型,神经系统类型不变,气质类型就不会变。气质的稳定性主要表现为气质特征不受时间和情境的影响,具有跨时间和跨情境的稳定性。日常生活中,人们常说的"三岁看大,七岁看老",主要说的是人的气质特征会始终伴随人的年龄而存在。一个人小时候是什么气质类型,具有什么气质特征,到老的时候依然如此,气质的类型与特征都不会有太大的改变。跨情境的气质稳定性是指一个人的气质表现不受活动内容、动机的影响,在不同情境中具有相似的气质表现,例如一个具有冲动性气质特征的儿童,会在各种场合表现出冲动性,当老师提问时他会率先举手,而不管其是否能够回答;当参加比赛时他会跃跃欲试,总是沉不住气;当考试时匆忙作答,急于交卷。最后,气质具有可变性。尽管气质受神经系统类型决定,表现极为稳定,但不是说气质就一点也不能变化,在生活环境和教育的影响下,气质也是可变的,只不过这种变化不是彻底改变了某种气质类型,而是使某种气质特征被掩蔽或得到一定程度的改造,使其表现更符合社会现实的要求。例如一个具有脾气暴躁、爱发火气质特征的人,如果总是不分时间、场合、事件而发火,慢慢就会使周围的人对其敬而远之,不与其交往,进而使其被孤立,当个体意识到这种气质表现可能会影响到自己与周围人的正常交往,使自己陷于不利的境地,就会主动去调整自己的气质表现,使爱发火的特征尽量少的或是不表现出来,这样经过长时间的努力控制,自己爱发火的气质特征就会被掩蔽掉,从而使自己的气质具有了更好的环境适应性。可见,气质具有可塑性,能否使其得到良好塑造,关键在于个体是否能够意识到自己气质的某些不足,意识到后能否有勇气去面对和改造。

气质实质:气质的机制

气质的生理机制,一直以来都是心理学比较关注的研究问题,通过大量的研究形成了几种比较有代表性的学说。

体液说。这是古希腊医生希波克拉底提出的一种气质学说。他认为人体内有四种液体,分别是血液、黏液、黄胆汁和黑胆汁,这四种液体在人体内的构成比例决定了个体的气质类型。因为在不同的人体内这四种液体的分配比例是不同的,因此根据人体内哪种体液占优势,就可以把人确定为哪种气质类型。如果是血液占优势,气质类型就为多血质;如果是黏液占优势,气质类型就为黏液质;如果是黄胆汁占优势,气质类型就为胆汁质;如果是黑胆汁占优势,气质类型就为抑郁质。同时,他还指出不同的液体具有不同的性质,因此不同的气质类型具有不同的气质特征,他认为这四种液体是由冷、热、湿、干四种性质相互匹配而成。血液是热和湿的配合,因此多血质的人热情、湿润,好似春天一样,同多血质的人相处有一种如沐春风般的温暖;黏液是冷和湿的配合,因此黏液质的人冷漠、无情,好似冬天一样,同黏液质的人相处有一种寒气袭人般的寒意;黄胆汁是热和干的配合,因此胆汁质的人热烈、躁动,好似夏天一样,同胆汁质的人相处有一种暑热难当般的炙烤;黑胆汁是冷和干的配合,因此抑郁质的人阴冷、枯燥,好似秋天一样,同抑郁质的人相处有一种秋风萧瑟般的肃杀。希波克拉底所提出的划分气质类型的生理机制,并没有被心理学的研究所证实,但是他所划分的这四种气质类型却被心理学沿用至今。

体型说。这是德国的精神病学家克瑞奇米尔提出的一种气质学说。他通过对精神病患者的观察发现,不同体型的精神病患者具有不同的心理与行为表现,因此他推测人的气质类型可能是由体型来决定的。他把人的体型分为细长型、肥胖型和斗士型三种。细长型的人生理特征为又高又瘦、皮肤干燥,心理特征表现为沉默、孤僻、退缩、偏执、多思;肥胖型的人生理特征为又矮又胖、面广颈短、四肢短小,心理特征表现为活泼、热情、时狂时抑、情绪不稳、好交际;斗士型的人生理特征为又高又壮、骨骼健壮、肌肉发达,心理特征表现为固执、迷恋、认真、理解迟钝、情绪具有爆发性。气质与人的体型之间也许有一定的相关,但绝不是因果关系,因为人的体型一生当中会发生变化,而人的气质并不会随着体型的改变而改变,因此这种学说缺乏科学的根据,不是气质的真正生理机制。事实上,人们之所以能够把气质与人的体型联系在一起,也许是人的主观期望在起作用,也就是说人们期待着具有某种体型的人应该具有某种气质特征,比如人们会期待斗士型的人胆大、勇猛,因为他的身体摆在那,不然都对不起他的体型;而事实并非如此,也许他还没有一个细长型的人胆大和勇猛。因此,是人们的期待赋予了不同体型的人不同的气质特征,而不是不同体型决定了不同的气质类型。

血型说。这是日本学者古川竹二提出的一种气质学说。他根据人体内血型的不同,进而把人的气质类型与血型联系在一起,人体内主要的血型分为 A 型、B 型、AB 型和 O 型,相应的气质类型也就分为 A 型气质、B 型气质、AB 型气质和 O 型气质。A 型气质的特点表现为老实稳妥、温顺、多疑虑、怕羞、孤僻、离群、依靠他人、易冲动;B 型气质的特点表现为感觉灵敏、不怕羞、长于社交、好管闲事;O 型气质的特点表现为好胜、霸道、不听从指挥、爱支使别人、有胆识、志向坚强;AB 型气质的特点表现为以 A 型为主,含有 B 型分子,外表是 B 型,内里是 A 型。根据血型来划分人的气质类型,没有一点科学根据,这只是人们发现人的血型不同后马上把它与人的气质类型联系在一起的时髦产物。尽管此学说在民间广泛流传,但没有一点科学依据和价值,不值得人们相信。

激素说。这是美国心理学家柏尔曼提出的一种气质学说。他认为人体内的不同内分泌腺都会分泌相应的激素,这些激素通过溶入血液对人体的各种生理机能产生激活作用,进而通过人的情绪和行为表现出来。不同的人其体内内分泌腺的分泌不同,这种激素分泌的差异是人气质差异的主要原因。根据哪种内分泌腺的活动占优势,可以把人分为不同的气质类型。人体内比较重要的内分泌腺有甲状腺、肾上腺、脑下垂体、副甲状腺和性腺,人的气质类型也可以用这些腺体的名称来命名。甲状腺型的气质特征表现为感知灵敏、精神饱满、意志力强;肾上腺型的气质特征表现为精力旺盛、情绪易激动、好斗;脑下垂体型的气质特征表现为性情温柔、自制力强;副甲状腺型的气质特征表现为容易激动、自控能力差;性腺型的气质特征表现为行为猛烈、富于进攻性。根据内分泌腺所分泌的激素来解释人的气质差异具有一定的科学道理,因为激素作为一种生物活性物质必然会对人的生理机能活动产生影响,这种影响会通过人的各种心理活动和行为表现出来,这是造成个体之间气质差异的一个原因。但我们也应该看到,激素的作用并不是导致气质差异的唯一原因,况且激素的分泌也是在人脑对各种内分泌腺的调控下来实现的,因此激素只是导致气质差异的部分原因,而不是终极原因,终极原因还在于人的神经系统的特性。

高级神经活动类型说。这是俄国生理学家巴甫洛夫提出的一种气质学说。他根据对动物神经系统的研究,指出有机体高级神经活动有两种过程,即兴奋过程和抑制过程,这两种高级神经活动过程具有强度、平衡性和灵活性三种特征。强度是指有机体的神经细胞接受刺激的能力,能够接受高强度的刺激说明神经系统的兴奋过程强,反之则说明神经系统的兴奋过程弱;平衡性是指兴奋过程与抑制过程的强度是否相当,如果强度相当就是平衡的,如果强度不相当就是不平衡的;灵活性是指兴奋过程与抑制过程转换的灵活程度,如果两种过程能够快速转换就是灵活的,反之则不灵活。高级神经活动过程的这三种特性在不同的有机体身上有不同的结合,因而构成了不同的高级神经活动类型。神经活动类型不同,有机体对外界刺激的反应以及产生的行为就不同。巴甫洛夫根据研究总结出了四种比较典型的高级神经活动类型:第一种是强而不平衡的类型,特点是两种神经过程都有较高的强度,但兴奋过程强于抑制过程,其行为表现是容易兴奋、奔放不羁,所以,也称为"不可遏制型";第二种是强、平衡、灵活的类型,特点是两种神经过程都有较高的强度,但二者的强度相当,而且转化灵活,其行为表现是反应灵敏,外表活泼,能很快适应变化的外界环境,也称为"活泼型";第三种是强、平衡、不灵活的类型,特点是两种神经过程都有较高的强度,而且二者的强度相当,但转化不灵活,其行为表现是坚毅而行动迟缓,也称为"安静型";第四种是弱型,特点是两种神经过程都很弱,其行为表现是胆小,消极防御,易形成神经症,也称为"抑制型"。巴甫洛夫所确定的这四种典型的动物神经类型与人类的神经活动类型相吻合,不可遏制型相当于胆汁质,活泼型相当于多血质,安静型相当于黏液质,抑制型相当于抑郁质,而这也恰恰相当于古希腊学者希波克拉底对气质的分类。因此,巴甫洛夫认为,高级神经活动类型是气质类型的生理基础。巴甫洛夫的高级神经活动类型学说为气质类型的划分提供了生理依据,高级神经活动特性决定了个体最初的气质表现,气质类型是高级神经活动类型的心理表现。

气质表现:气质的类型

气质类型是根据个体的心理与行为特征所划分的类型,它是某一类人身上共有的或相似的特征的有规律结合,也是心理特性的神经系统基本特征的典型结合。用来划分气质类型的心理与行为特征包括感受性、耐受性、反应的敏捷性、情绪兴奋性、行为的可塑性、心理的外倾性与内倾性六个方面。根据这六种心理与行为特征在不同个体身上的独特结合,典型的气质类型有四种,即希波克拉底所提出的多血质、胆汁质、黏液质和抑郁质。

多血质的人感受性低、耐受性较高、反应敏捷、情绪兴奋性高、行为可塑性高、心理倾向于外部。具体表现为认知上的机敏、思维的敏捷;言语上的丰富、敏捷、流畅;情绪上的快速产生、多变、轻浮;意志上的浮躁、不踏实、无恒心;人际交往上的亲切、善交际;行为上的活泼、好动、乐观、富于生气。综合以上特点,多血质人的气质特征可以用一个字"活"来概括,其典型代表人物为《红楼梦》中的王熙凤。

胆汁质的人感受性低、耐受性较高、反应不敏捷、情绪兴奋性高、行为可塑性低、心理倾向于外部。具体表现为认知上的快速灵活、思维的粗枝大叶不求甚解;言语上的急速难于自制、直言快语;情绪上的发生快、强度大、急躁、易怒;意志上的精力充沛、果敢、进取、冒失、刚愎自用;人际交往上的热情、坦率;行为上的粗心、奔放不羁。综合以上特点,胆汁质人的气质特征可以用一个字"急"来概括,其典型代表人物为《三国演义》中的张飞。

黏液质的人感受性低、耐受性高、反应不敏捷、情绪兴奋性低、行为可塑性低、心理倾向于内部。具体表现为认知上的反映缓慢、思维迟缓、沉着、冷静;言语上的沉默寡言、表达迟缓;情绪上的发生慢、强度弱、不外露;意志上的坚忍不拔、实干、执拗;人际交往上的冷漠、稳重;行为上的固执、拖拉。综合以上特点,黏液质人的气质特征可以用一个字"慢"来概括,其典型代表人物为《西游记》中的唐僧或沙僧。

抑郁质的人感受性高、耐受性低、反应不敏捷、情绪兴奋性低、行为可塑性低、心理倾向于内部。具体表现为认知上的敏感多疑、思维谨慎细心;言语上的柔弱、细小无力;情绪上的发生慢、富于自我体验;意志上的胆小、无自信心;人际交往上的腼腆、谦让、温和;行为上的易倦、孤僻。综合以上特点,抑郁质人的气质特征可以用一个字"忧"来概括,其典型代表人物为《红楼梦》中的林黛玉。

以上四种气质类型为生活中的典型类型,具有这些典型特征的人在遇到相同的事件会有不同的反应。丹麦漫画家皮特斯特鲁普曾经用漫画的形式非常形象地表现了这四种典型气质特征的行为表现。漫画的内容是一个人坐在公园的长椅上,把帽子放在了长椅的另一端,然后过来另一个人,没有看见帽子就一屁股坐在了帽子上,把帽子坐扁了,此时帽子的主人分别扮演不同气质类型的人做出了不同的反应。胆汁质的人看见帽子被坐扁了,显得非常气愤,抓住那个人的衣领一顿训斥,甚至要动手打他;黏液质的人看见帽子被坐扁了,表现得很安静沉稳,不声不响地把帽子拿过来又戴在了头上;多血质的人看见帽子被坐扁了,显得很激动,手拿着帽子把着那个人的肩膀哈哈大笑;抑郁质的人看见帽子被坐扁了,显得很伤心,拿着帽子默默站在那里似乎要流泪了。这样一种形象的表达不但揭示出了四种典型气质类型人的典型气质特征,而且比较符合生活实际中四种人的行为特征。胆汁质的人就是火爆脾气,点火就着,做事冲动不计后果;多血质的人乐观外向,聪明伶俐,做事圆滑随机应变;黏液质的人老实稳妥,沉闷无趣,做事缓慢凡事不急;抑郁质的人悲观内向,情绪消极,做事谨慎胆小怕事。

人的气质特点千差万别,上述四种气质类型仅是一种典型划分,虽然在日常生活中可以遇到这四种气质类型中的典型代表人物,但这样的人毕竟是少数,绝大多数人都是近似于某种气质,同时又与其他气质结合在一起,属于气质的混合型。因此,认识和分析一个人的气质时,不能简单地或是勉强地把一个人归入某种气质类型,一定要根据人的实际表现来正确认识人的气质。

气质意义:气质与实践

气质与工作。无论哪一种气质类型,在其气质特征中都有好的一面,也有不良的一面,因此所有的气质类型都是一样的,无所谓哪种气质类型好,哪种气质类型坏。生活中没有必要拿两种气质类型作比较,它们之间不存在可比性,更不要对自己的气质类型不满意,而总是羡慕别人的气质类型。因为气质类型不决定一个人的智力发展,更不决定一个人所取得社会成就的大小。现实中,有些人总是固执地认为具有某种气质类型的人智力发展水平更高,也更容易取得成绩获得成功,而不具有这种气质类型则智力发展平平,很难取得成绩获得成功。这其实是一种错误的想法,对于每一种气质类型的人来说,都可以发挥自己气质特征的优点,克服其不足,从而把工作做好。在同一工作领域取得成功者中会有不同气质类型的人,同样,在不同工作领域取得成功者中会有相同气质类型的人。关键在于一个人能否清楚地知道自己气质特征的优点与不足,并能在工作中根据工作的需要取长补短。但是,气质类型会影响工作的效率与工作方式。不同气质类型人的工作效率与方式是不同的,因此在安排工作以及分配工作任务时,应该考虑这一点。尤其是要两个人合作完成的工作,在人员搭配上要考虑气质类型的互补,这样才能提高工作效率,使工作得以顺利完成。比较理想的搭配方式是两种气质类型相差较远,比如让胆汁质或多血质的人与黏液质或抑郁质的人搭配,这样一快一慢,一个粗枝大叶一个耐心细致,正好实现互补;相同或相似气质类型的搭配往往不理想,比如让胆汁质的人与多血质的人搭配,或是让黏液质的人与抑郁质的人搭配,由于两个人太过于相似,相互之间不能取长补短,因此不利于工作的完成。

气质与职业。不同的气质类型具有不同的职业适应性,有些职业就适合某种气质类型的人来做,有些职业就不适合某种气质类型的人来做,适合与否,就在于职业的性质与个体的气质特征是否相匹配。例如,对于需要迅速做出反应,能够灵活应对的工作,多血质与胆汁质的人就比较适合;对于需要耐心,持久而细致的工作,黏液质与抑郁质的人就比较适合。因此,在选择职业时,应该尽可能地根据自己的气质特点来进行选择,这样才能使自己的气质特征与职业更好地匹配,从而有利于自己优势的发挥,更容易取得成功。但问题是,不是一个人想从事什么职业就可以从事什么职业,尽管该职业与自己的气质特征非常吻合,但由于多种原因而无法从事该职业,很多情况下是从事了不适合自己气质特征的职业。如果从事了不适合自己气质特征的职业,那么是否就意味着自己的职业发展前景黯淡,毫无希望可言呢? 事实并非如此。即使从事了与自己气质特征不符的职业,但人是有主观能动性的,是有创造性的,因此可以充分发挥自己的主观能动性与创造性,努力使自己的气质特征去适应于职业活动的客观要求。人应该是职业的主人,而不应该是职业的奴隶。对于一些职业机构来说,在招聘和选拔人才时,根据不同职业的要求来对应聘人员进行一定的气质鉴定是非常必要的。

气质与教育。教育工作是培养人的活动,而人的气质类型千差万别,这就为教育工作的开展提出了一个难题,那就是如何根据不同受教育者的气质特点来因材施教。在家庭教育中,尽管面对的是自己的子女,但在抚育与培养过程中也要考虑因材施教的问题。因为儿童的气质类型是固定的,他(她)的气质类型也许是那种容易型的,表现为活动积极、情绪稳定、生活有规律、对外界刺激具有兴趣并能有效回应,这样的儿童照顾起来比较容易,父母的情绪积极,行为合适;也可能他(她)的气质类型是那种困难型的,表现为活动消极、情绪不良多变、生活没有规律、对外界刺激缺乏兴趣并且反应冷淡,这样的儿童照顾起来就比较困难,经常导致父母的情绪不良,进而使抚育行为失当。既然儿童的气质类型没有办法改变,那么就需要父母做出调整,使自己的抚育和培养行为与儿童的气质拟合,即根据儿童的气质特点为其提供相应的环境,而不是去试图改变儿童的气质。父母应该明白一个道理,即儿童是带着独特的气质特征来到世界上的,无论其如何都得接受,自己所要做的就是创设一个认可儿童气质的抚养环境。在学校教育中,由于面对的学生数量较多,因此什么样气质类型的学生都会有,作为教育者首先要了解每个学生的气质特点,这是因材施教的前提和基础。同时对不同气质类型的学生应该平等对待,绝不能戴着有色眼镜去看待学生,表现出对某种气质类型的学生特别喜欢,而对另外某种气质类型的学生比较反感,如果这样就会在无形中使自己的教育行为有失公正,在学生中造成不良影响,进而失去教育行为的说服力。前面已经谈过,气质类型无所谓好坏,每一种气质类型的学生都有其优点和缺点,作为教育者就是要充分发扬每个学生身上的优点,弥补和改变其缺点,使所有学生都能通过培养获得良好发展。

气质与健康。不同气质类型的人,其情绪表达、行为习惯、心理倾向等都不同,这些不同的气质特征同自身的健康关系密切,有些气质特征就会严重影响个体的身体健康。比如在情绪表达上,胆汁质的人脾气暴躁,总爱发火,这种经常性的发怒就会对肝脏产生危害,所谓气大伤身就是这个道理,因此胆汁质的人要学会制怒,不要轻易发火动怒;抑郁质的人由于总是悲伤抑郁,这种消极的情绪持续时间久了就会对肺脏产生危害,使人呼吸不畅,身体虚弱,因此抑郁质的人要学会豁达乐观,不要凡事都往消极的方面想。一种气质类型的所有气质特征是综合在一起对人产生作用,有些气质综合体就会对人的身体健康产生危害。例如美国科学家通过研究指出一种具有 A 型气质的人,他们的气质特征表现为:缺乏泰然自若的态度、性急、易动肝火、争强好胜、受懊恼情绪纠缠、行为不安定、经常处在紧张状态之中、不善于适应环境等等,而这些特征恰恰是某些疾病的诱因,尤其是容易诱发心脏病。在美国全国心、肺和血液研究所召开的一次会议上,许多科学家认为,A 型心理类型的人是引起心脏病的重要因素。因为 A 型的人具有典型的紧迫感,它可以使人的血脂增高,促使血栓形成,血压也会增高。经常处于紧张状态的人,其去甲肾上腺素中的血量标准会提高,儿茶盼胶分泌增加,促使心搏有力,心跳加快,血压升高,心肌代谢所需的氧耗量增加,这种不正常的变化,将会引起心律失常,如室性心律失常,心室颤动,心脏的传导系统失灵,最终导致心脏停搏,甚至由于心脏的猝裂而猝死。该研究所所作调查表明,具有该特征的人患心脏病的比例高达 98% 以上。现实生活中,具有 A 型气质特征的人不占少数,这些人往往是在社会各领域中小有成就的人,是人们心目中的成功人士,其成功在于好强、不服输,但其悲剧也可能就在于好强、不服输。因此,对于 A 型气质的人来说,成功是要获取,但不能急于求成,要学会放慢脚步,学会放轻松,这样成功才会有价值,以命相搏换取的成功也许失去了所有的意义。

第十四章

性　格

什么是性格

生活中，人们不同的心理行为表现，很多是带有社会评价意义的，即一种心理行为是好的还是坏的。人们评价为好的心理行为对个体自身及社会具有积极意义，评价为坏的心理行为对个体自身及社会具有消极意义。这种带有社会评价意义的心理行为特征就是性格。

性格是指人对待现实的态度及相应的行为方式中比较稳定的具有核心意义的个性心理特征。可以从三个方面来理解性格的定义：

首先，性格表现为人对待客观现实的态度及受其支配的行为方式。人在与客观现实相互作用过程中，会形成对周围事物的态度，所谓态度是指个体对待他人、自己、事物、事件、活动、事业、组织、社会等所持有的一种稳定的、概括的心理倾向。这种心理倾向不仅仅表现为对事物的好恶和评价，更主要的是它可以决定个体的行为趋避。比如人们会对自己喜欢的人或物给以积极的评价，并在实际行为中表现出主动接近和拥护；反之，对自己不喜欢的人或物则给以消极的评价，并在实际行为中表现出主动远离和反对。态度的形成反映出了个体与客观现实的心理互动，这种心理互动是以人的认识过程、情绪情感过程和意志过程为中介的。人通过认识过程了解了事物，揭示了事物与自身的关系和意义，并在此基础上产生了不同的情绪情感体验，然后通过意志过程作用于客观现实，把主观的目的变为客观的结果。在这一系列的心理活动过程中,不同的个体会有不同的心理互动方式,当这些不同的心理互动方式在个体身上稳固和经常化后,就会通过人的认识、情绪情感和意志过程在个体的心理反应结构中保持下来,进而形成一定的态度体系。态度体系建立后,就会对人的行为具有支配作用,态度不同,其行为方式就不同。例如一个热爱劳动的人,不回避劳动并会在各种劳动中表现得积极肯干,不辞辛苦;而一个讨厌劳动的人,则总是逃避劳动,即便参加劳动也是消极怠工,抱怨诉苦。当某种态度体系所支配下的行为方式稳固下来,成为个体特有的行为方式,其性格特征也就形成了。正如恩格斯所说:"人的性格不仅表现在他做什么,而且表现在他怎么做",做什么反映了个体对待现实的态度,怎么做反映了个体的行为方式。

其次,性格是指一个人身上独特的、稳定的个性心理特征。生活中,人们有时会说两个人具有相同的性格,实际上人们所说的相同是指两个人身上都有的某种性格特征,而不是指两个人的性格完全相同。因为,性格是由多种心理特征构成,这些心理特征在不同的人身上具有不同的结合方式,所以性格是极其独特的,也正是因为性格的独特性,才得以把不同人的性格加以区分。独特的性格形成是与个体的生活经历不可分的,每个人在生活中都会有自己独特的生活经历,包括不同的人、不同的事、不同的对待、不同的活动、不同的交往、不同的教育等。个体在这些不同的经历中实现着主客体的互动,其互动方式就会在长期的社会实践活动中沉积下来,形成带有自己特征的态度体系及行为方式,也就形成了自己独特的性格特征。性格特征形成后,会稳定地表现在个体以后的生活中,不受时间和场合的影响。个体身上所表现出来的一时的、偶然的、带有情境性的心理行为特征,不能被认作是个体的性格特征,只有那些经常的、一贯的表现才能代表个体的性格特征。比如一个人通过参加某种活动表现出对残疾儿童的关心和爱护,捐钱又捐物,活动结束后,这些行为就再也没有了,那我们就明白他的行为就是为了作秀,而不是他具有善良和无私奉献的性格品质。相反,如果他不但在活动中表现如此,而且在过去和将来的生活中,他始终都表现出对残疾儿童的关心和爱护,并不断地捐钱捐物,那我们就可以说他具有善良和无私奉献的性格品质。

再次,性格是核心的个性心理特征,具有明显的社会评价意义。性格是一个人对待客观现实的态度及行为方式的体现,这些态度的形成及其内容必然会对一个人的价值观、人生观和世界观产生影响,指导着个体心理体系的形成和建立,从核心层面构成了一个人的本质属性。性格特征不同,其社会评价意义就不同,因为性格是有好坏之分的,好的性格特征与坏的性格特征带给人们的价值是不同的。比如一个人勤劳、勇敢,一个人懒惰、懦弱,两种性格特征好坏分明,带给个体的价值也就好坏分明;一个人大公无私,一个人自私自利,两种性格特征带给他人的价值就不同;一个人坚定忠诚,一个人奸诈虚伪,两种性格特征带给社会的价值就不同。正因为性格特征具有明显的好坏之分,因此性格特征才从更高的层面决定了个体的人生走向与发展,所谓性格决定命运是有其心理学道理的。

性格构成:性格的结构

性格作为个性心理的核心特征,是所有心理活动过程特有活动方式的结合体,反映了一个人最根本、最本质的心理结构与内容。构成性格结构的心理成分主要有以下四个特征:

性格的态度特征。性格形成的基础是个体对待客观现实的态度,因此态度特征是性格构成的首要特征。个体在与客观现实相互作用过程中所建立起来的态度体系主要包括以下几个方面:第一是个体对待他人、集体、社会的态度。对待他人的态度是诚实、正直、温暖热情,还是虚伪、奸诈、冷酷无情,对待他人的态度不同,就会有不同的与他人交往的方式,这种不同的交往方式会得到不同的反馈和评价,进而通过不断地强化在个体身上加以固定,形成一种特有的性格特征。对待集体的态度是公而忘私还是自私自利,对待社会的态度是拥护还是反对,这些都从更高的层面来反映一个人的价值观和世界观,因此更具有指导意义,一个对集体和社会持有正确态度的人,其性格特征必定是积极稳定的。第二是个体对待劳动和劳动产品的态度。对待劳动是勤劳还是懒惰,劳动过程中是认真、细致、尽职尽责还是马虎、粗心、敷衍了事,对待劳动产品是珍惜节俭还是奢侈浪费。劳动是人生存的根本,个体对待劳动的态度直接说明一个人的性格特征是积极的还是消极的。热爱劳动并对劳动认真负责的人,其性格必定是朝着积极的方向发展;

害怕劳动并对劳动敷衍应付的人,其性格必定是朝着消极的方向发展,人们常说的"一懒生百病"用在性格的形成上是再恰当不过了。第三是个体对待自己的态度。人拥有自我意识,在认识和评价自我的基础上,个体会对自己具有一定的态度,表现为对待自己是谦逊、自信、自尊还是自负、怀疑、自卑。对待自己的态度不同,直接影响到个体在为人处事、应对外界刺激时的心理出发点以及行为表现,而这些又可以作为基础性的态度特征,对其他的态度特征产生影响作用。很多时候,只要对待自己的态度对了,对待世界的态度也就对了。

性格的情绪特征。生活中,人们会有各种情绪情感体验,这些情绪情感会对个体的行为产生影响作用。如果个体对情绪情感体验及表达方式的调控具有了经常性和稳定性,个体性格结构中的情绪特征就形成了。性格的情绪特征主要表现为以下几个方面:第一是情绪强度方面的性格特征。这些特征包括情绪的表现强度、情绪对行为的支配程度、情绪受意志控制程度。例如有些人的情绪表现强度极大,有些人就非常微弱。表现强度大的人不管是什么情绪,也不管引发情绪原因的大小,都会有非常强烈的情绪表达,一个笑话可能会使其笑的半死,一句玩笑也可能使其暴跳如雷;情绪表现微弱的人则会宠辱不惊,情绪变化不大。一般来说,强度大的情绪对行为具有较强的支配程度,同时也不容易受意志控制。第二是情绪稳定性和持久性方面的性格特征。主要表现为情绪产生后持续时间的长短以及在此期间的起伏波动程度,有的人是情绪来得快去得也快,情绪的起伏波动较大,即人们常说的是一种情绪化的人,同这种人相处需要具有较好的心理准备能力,因为你很难把握他(她)的情绪变化,对他(她)来说是说变就变;有的人情绪产生后会持续相对较长的时间,情绪的起伏波动不大,表现为情绪的稳定。第三是主导心境方面的性格特征。主要表现为一个人经常以什么心境来作为自己心理生活的情绪背景并主导自己的心理行为表现。生活中人们会在各种因素的作用下产生多种不同的心境,这些心境有些对个体会产生积极的影响,有些就会对个体产生不利的影响,因此个体对主导心境的调控方式具有了经常性和稳定性后,就形成了个体的性格情绪特征。例如有的人总是生活在心情愉快、情绪饱满的状态中,因为他们能够做到即使遇到不利的事件也能乐观对待,看到事情的积极方面;有的人则总是生活在心情抑郁、情绪消沉的状态中,因为他们即便是面对有利的事件也总是看到事情的消极方面。

性格的意志特征。性格的意志特征主要表现为个体的意志品质是否具有经常性和稳定性,如果某一方面的意志品质在个体身上稳固下来并经常性地表现,就成为个体性格的一个意志特征。一个人积极的意志品质包括意志的自觉性、果断性、坚定性和自制性。具有自觉性性格特征的人表现为能够根据自己的决定来确定行动的目的,并能主动开展行动,遇到困难时能够积极想办法解决;与此相反的是具有盲从和武断性格特征的人,表现为不能自己做决定或是盲目地做决定,容易受别人的暗示,遇到困难喜欢求助别人而不是自己想办法。具有果断性性格特征的人表现为做决定当机立断,有了决定之后立刻开展行动,当行动中出现新的情况能够及时修正或是改变决定;与此相反的是具有优柔寡断和冒失性格特征的人,表现为做决定时前怕狼、后怕虎,犹豫不决或是仓促做决定,决定做出之后迟迟不开展行动或是冲动而为,遇到新情况时反复琢磨而无对策。具有坚定性性格特征的人表现为做事情持之以恒,坚持到底,遇到困难也不放弃,即便是失败也毫不气馁,具有从头再来的勇气;与此相反的是具有执拗和动摇性性格特征的人,动摇性表现为做事情缺乏韧性,不能持之以恒,遇到困难容易怀疑决定,甚至轻易改变和放弃决定,执拗表现为不能认清事实,不接受合理建议,一意孤行地坚持往往是错误的决定。具有自制性性格特征的人表现为能够合理地控制情绪,严格地约束自己的言行使之符合现实的要求;与此相反的是具有任性性格特征的人,表现为不能控制情绪,激情冲动,不能约束自己的言行,为所欲为,犯错之后不知悔改,百般狡辩。

性格的理智特征。性格的理智特征主要是指个体在认识活动过程中表现出来的习惯性和稳定性的认知特点,这些特点在感知、记忆、想象和思维活动中都有所体现。在感知事物时,有人主动、目的明确、注重细节、深入精细,有人被动、目的盲目、注重整体、粗枝大叶。在记忆活动中,有人力求全面精确,不厌其烦地重复,有人则只记大概丢三落四,只求速度不讲质量。在想象活动中,有人主动进行,以此来开拓认识,展示创造性;有人则被动进行,胡思乱想,以此来消磨时光。在思维活动中,有人偏爱分析,有人偏爱综合;有人偏爱推理,有人偏爱实证;有人喜欢独立探索答案,有人喜欢依赖现成答案;有人倾向于保守,有人倾向于冒险。

当一个人在认识活动中形成自己的认知风格后,这种认知风格就可以代表个体性格的理智特征。美国心理学家威特金根据人的认知风格,把人的性格分为场独立性和场依存性两种类型。场独立型的人信息加工的依据倾向于以内在参照物为标准,不易受外来事物的干扰,具有坚定的信念,易于发挥自己的力量,社会敏感性差,不善社会交往,有支配倾向,不易受暗示;场依存型的人信息加工的依据倾向于以外在参照物为标准,容易受附加物的干扰,常处于被动、服从地位,缺乏主见,受暗示性强,社会敏感性强,善于社交,紧急时易惊慌失措,抗应激能力差。另外一个心理学家卡根则根据人的认知风格把人的性格分为沉思型和冲动型两种类型。沉思型的人表现为反应缓慢,但精确性高,这种人做任何事情是求质量,而不求速度;冲动型的人表现为反应迅速,但精确性低,这种人做任何事情是求速度,而不求质量。

性格评价:性格的特征

性格特征千差万别,不同人身上具有不同的性格特征,同一种性格特征在不同人身上也会有不同表现,因此要认识和评价一个人的性格,从各种具体的性格特征入手是很困难的,必须抛开具体的性格特征,从总体上对于任何人的性格都存在的性质入手,这样才能实现对于所有人都适用的关于性格的一般认识和评价。

性格结构的整体性。任何人的性格结构都是由态度特征、情绪特征、意志特征和理智特征这四种特征来构成,这些构成特征彼此之间不是割裂的和对立的,而是作为一个相互作用和协调统一的整体而存在,其中态度特征居于核心地位,对其他特征的产生和表现具有支配作用。由于性格结构是一个整体,因此可以从一个人某一方面的性格特征大体推断出他的其他性格特征是如何的。例如,如果我们已经了解到一个人对待自己的态度是比较宽容和放纵的话,就不难推断出其在情绪特征上不能有效控制自己的情绪,行为表现过于情绪化;在意志特征上可能坚持性较差,经常为自己的过失寻找借口和理由,不善于自制;在理智特征上,表现为各种认识活动仅仅停留在表面,难以深入,对学习和工作不负责任。既然性格结构是一个整体，对一个人性格的认识和评价也应该从整体入手，用一种性格特征来代替全部性格特征会犯以偏概全的错误。我们不能因为一个人的一种良好性格特征而"一俊遮百丑"，认为其毫无缺点；也不能因为一种不良性格特征而将其"一棍子打死"，认为其一无是处。

性格结构的矛盾性与复杂性。作为一个完整的性格，各种性格特征之间无论什么时候都应该是协调统一，完整一致的，但这只是说理论上应该如此，而在实际生活中，人们感受到的更多的是它们之间的矛盾性。这是因为人本身就生活在一个矛盾的世界，各种矛盾的社会现实向人们提出各种矛盾的要求，导致各种性格特征之间也难以实现协调统一，而处于矛盾状态，进而使人的行为进退两难，有时是无奈的弃而不做，有时是强迫的违心为之，无论哪种选择表面上看来似乎都不是一个人真正性格的表现，而实际上这恰恰是一个人真正性格的表现。性格的矛盾性无时不在，对于任何人来说都是如此，人很难做到为了保持自身性格的完整性而无视这些矛盾的存在，这就是为什么人会具有"双重性格"或是"多重性格"的原因所在，对于哪一种性格来说都是合理的，其形成都是顺应某种矛盾的产物。可见，人的性格是极其复杂的，要想真正全面了解一个人的性格几乎是不可能的，因为有些人的性格还不完整，还处于不断完善之中，其性格会如何发展很难把握；有些人的性格已经完整成熟，但在各种矛盾条件的作用下会有不同的表现，说它不真实倒也真实，也许一个人的性格越成熟，也就越让人难以琢磨。

性格结构的稳定性与可变性。人的性格形成绝非一朝一夕可以完成，而是在长期的生活实践中，在各种刺激的作用下而积淀下来的一种稳定的心理结构。因为人的任何一种心理行为表现，刚开始的时候都具有一定的情境性和偶然性，当这些心理行为表现同某种具体的情境紧密地联系在一起，并能有效实现对环境的适应，人就开始意识到其价值，并对此形成稳定的态度来支配自己的行为。此时人的性格特征才开始形成，并在以后的生活实践中不断调整和完善。性格的形成需要一定的时间进程，是一个缓慢积累的过程。因此，性格一旦形成就不容易发生改变，表现出极大的稳定性，这种稳定性表现为人在各种环境中心理行为的统一，表现为一个人的性格同其他人的不同。正因为性格具有稳定性，我们才可以根据稳定的性格表现把人进行性格上的区分，并能对一个人的性格表现进行有效预测。同时,可以根据稳定的性格特征,去研究和探索一种性格特征形成的机制,揭示其形成和发展的规律,为培养和塑造良好的性格特征提供理论支持。性格结构具有稳定性的同时也具有可变性,因为性格特征是顺应环境的产物,其目的就是为了适应环境,因此,当环境发生变化后,与此相应的人的性格特征也会发生变化,表现出一定的可变性。当人意识到自己原有的性格特征不符合现实的要求时,就会自觉地加以调整和改变,重新塑造自己的性格特征,以达到对环境的适应。因此,一个人性格特征的改变,更多的时候是体现了个体的主观能动性与自觉性的发挥,那种受极端生活事件影响而使性格特征发生被动改变的例子是极少的特例。正因为性格特征具有可变性,我们才可以采取相应的措施去培养和完善一个人良好的性格。

性格实质:性格的类型

生活中,人们的性格表现各异,但我们也会发现某些人身上有一些相同或相似的性格特征,正是这些性格特征的存在使他们具有相同或相似的行为表现,从而使他们成为一类人,这种在一类人身上所表现出来的性格就成为一种性格类型。心理学上划分性格类型的标准并不统一,目前比较有代表性的有类型理论和特质理论。

类型论。这种理论是根据一类人身上固有的心理倾向或是稳定的行为反应来划分性格类型。由于构成人的性格心理特征的多样与复杂,不同研究者所持的划分标准也不一样,比较有代表性的有以下几种:机能类型说,这是根据一个人的认知、情绪、意志三种心理机能哪种占优势来划分人的性格类型。如果是认知机能占优势,其性格类型就是理智型,是用理智来衡量并支配自己的行动;如果是情绪机能占优势,其性格类型就是情绪型,行为举止受情绪左右;如果是意志机能占优势,其性格类型就是意志型,行为主动,目标明确。向性类型说,这是根据一个人的心理活动经常倾向于内部还是外部来划分人的性格类型。如果一个人的心理活动经常倾向于外部,受外部刺激影响较大,其性格类型就是外向的;如果一个人的心理活动经常倾向于内部,受内部心理活动影响较大,其性格类型就是内向的。独立—顺从说,这是根据一个人的心理行为的独立程度来划分人的性格类型。如果一个人的心理行为具有独立性,不受别人的左右,其性格类型就是独立型的;如果一个人的心理行为不具有独立性,总是受别人的左右,其性格类型就是顺从型的。感觉寻求类型说,这是根据一个人对感觉刺激寻求的强弱来划分人的性格类型。高感觉刺激寻求者的性格特征表现为活跃好动、不受约束、喜欢冒险、不甘寂寞、富于创造;低感觉刺激寻求者的性格特征表现为安静沉稳、安分守己、不愿冒险、喜欢独处、循规蹈矩。类型论更多的是停留在个体心理行为的表面,仅仅根据外部表现来划分人的性格类型,不具有理论解释的一般性和规律性,因为人们在生活中可以找出太多的类似标准,按此推理,人的性格类型岂不是多得无法计数?

特质论。这种理论是从心理特质的角度来解读人的性格类型。特质是构成人各种心理结构和机能的基本单位,是个体区别于他人的基本特性。每个人的性格都是由一些有别于他人的特质来构成的,构成特质不同或是相同特质的组合方式不同,人的性格类型就不同。比较有代表性的特质理论有:美国心理学家奥尔波特的特质理论。他认为构成人性格的特质有三种,包括首要特质、中心特质和次要特质,首要特质是最能代表一个人性格的特质,是人们提到一个人时首先想到的典型性格特质,在一个人身上一般有 1~2 种;中心特质是一个人比较重要的经常表现出来的特质,是使个体具有独特性的特质,在一个人身上一般有 8~10 种;次要特质是一个人身上不经常表现出来的比较隐秘的特质,一般与某种特定活动联系在一起,不是亲近的人一般很难发现。美国心理学家卡特尔的特质理论。他把人的性格特质分为表面特质和根源特质,一个人的性格外在表现都是其表面特质,而决定这些外在表现的是性格的根源特质,根源特质表现不同,人的性格表面特质就不同。他指出构成人性格的根源特质有 16 种,它们是乐群性、聪慧性、稳定性、恃强型、兴奋性、有恒性、敢为性、敏感性、怀疑性、幻想性、世故性、忧虑性、实验性、独立性、自律性、紧张性。塔佩斯等人的"大五"人格理论。这种理论认为构成人性格的特质只有五种,即外倾性,具体表现为热情、乐观、活跃、活力、冒险等特质;宜人性,具体表现为谦虚、依从、信任、利他、爱、移情等特质;责任心,具体表现为自律、克制、拘谨、尽职、条理、公正、成就等特质;神经质或情绪稳定性,具体表现为焦虑、神经过敏、压抑等特质;开放性,具体表现为智能、想象、求异、情感丰富、审美、创造等特质。特质论是从心理构成特性来划分人的性格类型,人的心理特质不同,由它构成的心理结构和机能对外界的刺激反应就不同,这可能是导致人的性格类型差异的原因,但人究竟有多少种特质,又应该以哪些特质来划分性格类型为好,是值得研究的一个问题。

性格鉴定:性格的测量

人的性格尽管复杂多变,但也有规律可以遵循,根据这些规律可以采用多种方法来对人的性格进行鉴定和测量。

行为观察法。人的各种性格特征都通过行为表现出来,同一个人的性格特征会在其参与的学习、工作、娱乐、交往等不同活动中稳定地存在和表现,这样就可以在这些实际活动中,对一个人的行动、言语、表情等进行观察,然后对观察所获得的资料进行分析和研究,抽取出带有规律性的特征,形成一般性的结论,从而实现对人的性格鉴定。

自然实验法。这是为了研究某种性格特征是否存在,或是验证某种性格特征的真实表现,有目的地设置某种场景,然后让被试身处其中,通过人为施加的某种条件刺激以引发被试的行为,通过观察被试的行为表现来搜集相关的资料,在对资料进行分析和总结的基础上,实现对人的性格的研究鉴定。采用这种方法时,实验的设计必须严密合理,符合生活实际,不能为了研究而研究,否则,即便获得了结论也可能不是人的性格真实表现。

量表测验法。这种方法是根据构成人性格心理特征的内容与维度,编制一些测试问题,然后经过标准化的程序制定成性格测验量表,通过对人进行施测,获得有关性格特征的数据资料,通过对这些数据资料进行统计分析,获得一般性结论来实现对人性格的鉴定。国际上比较成型的性格测验量表有很多种,例如 MMPI、EPQ、16PF 等,其中 16PF 就是卡特尔根据他的性格特质理论编制而成的一个性格测验量表,通过测量可以测查出一个人在 16 种根源特制上每一个特质的得分情况,根据对这些得分情况的分析,就可以分析一个人在不同性格特质上的特征,以及16种特质得分情况不同组合后的性格特征。

投射测验法。这是以精神分析理论为基础开发出来的一种性格鉴定方法。精神分析理论认为,人的性格是一种复杂的内部心理特征,因此通过一些直接的刺激不可能真正反映出一个人的性格特征,只有通过一些模糊刺激的作用,才有可能把一个人内心真正的心理反映出来。这种方法主要有两种,一种是墨迹测验,一种是主题统觉测验。墨迹测验是由瑞士精神医学家罗夏开发出来的,其方法很简单,就是在一张纸上滴一滴墨水,然后沿着墨滴的中央把纸对折,压平后形成一张墨迹图,然后拿墨迹图给被试看,让被试回答一些问题,比如你看到了什么,想到了什么,这可能是什么等,根据被试的回答来分析其性格特征。主题统觉测验是由美国心理学家莫瑞开发出来的,其方法就是给被试看一张内容模糊的图片,然后让被试根据图片的内容编一个故事,故事必须包含发生了什么事、为什么、图中的人正在想什么、结局如何,根据被试所编的故事来分析其性格特征。投射测验的理论依据就是人在回答问题和编故事时会把自己真实的想法投射出来,而这就可以真实地反映一个人的性格特征。由于这种方法专业性比较强,因此不是专业的人很难采用。

性格形成:性格的培养

人的性格具有好坏之分,而且性格的形成与发展关键取决于后天的影响,因此,培养一个人优良的性格品质不但是必要的,而且是可行的。影响性格形成与发展的因素多种多样,培养优良的性格就要从这些影响因素入手,其中最关键的是家庭教育与自我教育。

家庭教育与性格培养。人们常说"家庭是人的性格加工厂",这话用来描述人的性格形成与家庭之间的关系一点也不为过,每个人的性格都具有家庭的烙印,家庭这个加工厂不同,其性格产品就不同。家庭对性格的影响体现在多个方面,从家庭结构上来说,包括核心家庭,即三口之家;大家庭,即几代同堂之家;破裂家庭,即离异家庭或单亲家庭;重组家庭,即两个破裂家庭的重新组合;收养家庭,即无亲生子女,子女为收养的家庭。不同的家庭结构,对孩子的性格影响会不同,其中有积极的影响,也有消极的影响。这种影响主要是通过家庭教养方式来体现的,不同的家庭具有不同的教养方式,很难说哪种教养方式好,关键在于是否适合,只要适合就是好的,如果不适合就可能出现问题。美国心理学家鲍姆令德通过研究总结出四种比较典型的家庭教养方式,包括权威型教养、专制型教养、放纵型教养、忽视型教养。不同教养方式的教养态度和行为方式具有明显的不同,所培养出来的孩子的性格也明显不同。权威型教养讲求民主平等,有规矩有控制,但通过协商执行,孩子的性格表现为独立、自信、自控、情绪积极、心理成熟;专制型教养采取专制强迫,有规矩有控制,但通过高压执行,孩子的性格表现为焦虑、退缩、刻板、情绪消极、心理紧张;放纵型教养体现溺爱放纵,无规矩无控制,一切按孩子意愿执行,孩子的性格表现为依赖、自我中心、自私、固执、任性、情绪冲动、心理幼稚;忽视型教养表现冷漠放弃,无规矩无控制,一切推给孩子自己把握执行,孩子的性格表现为独立性差、缺少自信、情感冷漠、自控性差、自尊水平低、心理不成熟。性格培养关键在于养成,而养成的好坏关键在于父母的教养方式,孩子没有办法选择家庭,但父母可以选择如何培养孩子。

自我教育与性格培养。一个人性格的形成与发展同自我的关系非常密切,是一个人自我态度的选择。家庭等外界因素对个体性格的形成和发展只是一种外因,这种外因必须通过个体的内因才能产生作用。不同的外因对不同个体具有不同的影响,是因为个体的内因不同;相同的外因对不同个体具有不同的影响,还是因为个体的内因不同。可见,在个体性格的形成与发展过程中,个体的内因即自我起着至关重要的作用。这种自我主要表现为个体如何认识和评价外界影响,如何发动自我能动性,积极进行自我调控。个体的自我表现不同,其性格的发展方向就不同。例如,同样是遭遇家庭的不幸,有人能够理智对待,认识到这是自己生命中必然要经历的挫折,既然发生了就要勇敢面对,因此没有抱怨和沉沦,而是以极大的勇气去承担,去继续坚持努力,从而使自己的性格变得更加坚强和自信。相反,有些人在遭遇家庭的不幸后,不能理智对待,认为自己生命中不该有此磨难,因此不敢面对,在不断的抱怨中开始沉沦,在无力调控下开始放弃,从而使自己的性格变得懒散、软弱和自卑。可见,培养一个人优良的性格,首先要让其建立起正确的自我认识,能够对外界影响进行辩证分析;其次是让其具有强大的自我能量,在面对事情时能自我坚持和调整,这样,无论在什么样的环境下,个体都能通过良好的自我发展来吸取积极的影响而抵制不良的诱惑,使自己的性格发展方向始终掌握在自己的手中。

性格、能力、气质:三种个性心理特征的关系

性格作为个性心理特征的核心,对能力与气质具有一定的调整和支配作用,它们之间的关系表现为性格与能力、气质既有区别,又有联系。

性格与气质。实际生活中,很多人不能区分性格特征与气质特征,经常把两种特征混淆,原因就是二者在很多特征方面具有相似性,或者是同一种特征处在不同的发展阶段,因此在某个阶段被看作气质特征的表现到了另外一个阶段则被看作是性格特征的表现。因此了解性格与气质的关系,明白二者之间的区别与联系,对于人们正确认识性格与气质是非常必要的。

性格与气质的区别主要表现在以下几个方面:首先,性格与气质产生的时间不同。人是先有气质,后有性格,因为人的气质主要受神经系统类型的影响,而神经系统类型来自于遗传,因此人出生后不久,其气质特征就已经有所表现,并随着生理与心理的成熟逐步明朗化。性格的形成与建立需要人的自我意识达到一定的成熟水平,能够对社会刺激加以内化形成一定的稳定态度,并以此来支配自己的行为时,性格才开始形成和建立,从时间上来说,一般是从上小学才开始。因此,人在婴幼儿阶段只有气质没有性格,所有的心理行为表现都是气质特征的表现,不是性格特征的表现,人们经常说的某个幼儿真有性格,这话实际是错误的。其次,性格与气质形成的机制不同。气质主要由神经系统的类型决定,因此气质形成的机制主要在于生理遗传,后天的环境和教育只能起到影响和塑造作用,而不能对其进行改变。性格形成的机制是生理遗传与环境的相互作用。其中,遗传为性格的形成提供了生理基础,不同的神经系统类型对环境具有不同的反应,而更为重要的是后天的环境、教育与社会实践,对性格的形成起决定性的作用。再次,性格与气质的性质不同。气质是表现在人们心理行为中的一种动力特征,它与人们的行为动机、内容、目的没有关系,只是使人的行为表现具有了一种特殊

性,不具有任何社会评价意义,因此气质来说无所谓好坏,所有的气质特征其地位都是平等的。性格是表现在人们心理行为中的一种态度特征,这种态度反映了人们的不同价值取向,受它支配的行为与动机、内容、目的具有密切的关系,使行为具有明显的社会评价意义,因此性格是有好坏之分的,好的性格特征与坏的性格特征给人和社会带来的影响不同。

性格与气质的联系主要表现在以下几个方面:首先,气质对性格具有影响作用。一方面,气质会影响性格的形成和发展。某种气质类型特征对于某些性格特征的形成,有时起积极促进作用,有时起消极阻碍作用。例如,对于胆汁质的人来说,培养其勇敢的性格品质就比较容易,因为胆大无畏就是其气质特征;而让其具有奸诈虚伪的性格品质就比较困难,因为真诚坦率是其气质特征。同样的道理,多血质的人易于培养积极向上的性格品质;黏液质的人易于培养宽容、勤劳的性格品质;抑郁质的人易于培养善良的性格品质。另一方面,气质会影响性格的表现。由于气质是表现在心理行为中的动力特征,因此气质会使人的性格披上一层气质的外衣,具有相同性格特征的人如果气质类型不同,那么其性格特征表现出来的时候就不同。例如同样的勤劳性格特征,表现在胆汁质的人身上是劳动时的热火朝天,表现在黏液质的人身上是劳动时的默默肯干;同样的善良性格特征,多血质的人会让你感受明显,黏液质的人需要你慢慢体会。其次,性格对气质具有掩蔽和改造作用。性格作为个性心理的核心特征,会根据实际生活的要求,对人的气质表现进行调整,这种调整主要表现为对某些气质特征的掩蔽和改造。因为人的某些气质特征对于自己所从事的工作可能不适合,如果任由其表现就会对工作产生不利影响,因此,人通过在长期工作中养成的性格特征可以对自身存在的不利于工作完成的气质特征加以掩蔽,使其不表现出来,甚至使其得到改变。

性格与能力。性格与能力的区别比较简单,能力决定心理活动能否进行以及活动的效率高低,性格则表现为心理活动进行时的态度和方式。例如,对于一个学生来说,在规定时间内能否把一个需要背诵的内容背下来,这是记忆能力的问题,能力具备则可以背下来,能力不具备则背不下来。但如果其具备可以背诵下来的能力,但就背诵了个大概,丢失了一些细节内容,而且这已经是其习惯性的表现,此时就不是能力的问题,而是性格的问题。所以,在日常生活中,有些人一些工作做不好,其实不是其不具备相应的能力,而是其性格在作怪。

性格与能力的联系表现在两个方面:一方面,能力影响性格特征的形成与发展。某些性格特征的形成是以某种能力为基础的,具备某种能力对于形成相应的性格特征具有促进作用。例如,人在认知活动中所具有的各种能力,对于性格某些特征的形成就具有积极的促进作用,一个具有良好观察能力的人,对于形成感知事物深入细致、解决问题喜欢独立思考的性格理智特征以及遇到事情果断做决定的性格意志特征都具有积极的促进作用。另一方面,性格制约能力的形成与发展。具有优良性格特征的个体,相比于具有不良性格特征的个体,其各方面的能力发展水平更高。同时,优良的性格特征能够补偿能力的某种不足,成语"勤能补拙"非常好地说明了这一问题,生活中,那些取得成功的人并不都是由于其具有多么超强的能力或是多么好的机缘,更多的是源于勤奋与坚持不懈的结果。因此,对于每个人来说,谁都可以获得成功,但成功绝不是上天的恩赐,而是对优良性格的回报。